한국지형도감

한국지형도감

초판 1쇄 발행 2023년 9월 13일

지은이 권동희

펴낸이 김선기
펴낸곳 (주)푸른길
출판등록 1996년 4월 12일 제16-1292호
주소 (08377) 서울시 구로구 디지털로 33길 48 대륭포스트타워 7차 1008호
전화 02-523-2907, 6942-9570-2
팩스 02-523-2951
이메일 purungilbook@naver.com
홈페이지 www.purungil.co.kr

ISBN 978-89-6291-068-1 93980

한국 최초로
세상 곳곳의 지형을
한데 모은 컬러도감

한국
지형도감

권동희 지음

푸른길

머리말

　지형연구는 내 평생의 화두였다. 지형사진 찍기는 나의 일상이었고 몇 년 전부터 새로운 촬영 도구로 등장한 드론은 지형경관을 전혀 다른 시각에서 바라볼 수 있게 해 주었다. 드론의 매력에 푹 빠진 나는 마음속으로 다짐했다. 출근으로부터 자유로워지면 드론을 둘러메고 한반도는 물론 세계 구석구석을 누비리라. 그러나 세상만사가 내 뜻대로 되지는 않는 법, 2020년 은퇴와 동시에 시작된 코로나19 팬데믹이 내 발걸음을 멈춰 세웠다.

　그렇다고 해서 그대로 주저앉아 황금 같은 시간을 그냥 흘려보낼 수는 없는 일, 이런 상황에서 내 눈을 번쩍 뜨게 한 것은 바로 들꽃여행이었다. 들꽃이야 집 밖으로만 나서면 얼마든지 만날 수 있으니 이건 마음만 먹으면 가능한 일이었다. 들꽃여행과 함께 새롭게 접하게 된 것은 생물도감이었다. 풀꽃도감, 나무도감, 곤충도감, 나비도감 게다가 거미도감까지, 그 많은 생물도감들을 뒤적일 때마다 줄곧 머리를 스치는 생각이 하나 있었다. "왜 지형도감은 없지?" 이 책은 바로 이 질문으로부터 시작되었다.

　믿을 것은 필자의 사진창고에 40여 년 동안 쌓아 놓은 지형사진들이었다. 그러나 아무리 쉽게 변하지 않는 게 지형경관이라고는 하지만 그 사진들이 모두 자료로서의 가치를 지니는 것은 아니다. 결국 2021년부터 지형도감을 염두에 둔 지형사진 촬영 투어를 진행했다. 이 과정에서 현지의 여러분들로부터 큰 도움을 받았다. 특히 아무런 사전 약속도 없이 불쑥 찾아간 필자에게 대리석 채석장 사진을 자유롭게 찍도록 흔쾌히 허락해 주신 ㈜정선대리석의 호영식 대표님과 현장 관계자 여러분께 지면을 빌려 깊이 감사를 드린다.

　　그러나 필자의 능력 밖에 있는 사진들이 여전히 적지 않았고 이는 여러분들의 도움을 받아야 했다. 귀중한 사진을 기꺼이 제공해 주신 경북대학교 오정식 교수님, 한국수력원자력(주)의 정수호 연구원님, (사)인천섬유산연구소 김기룡 소장님, 안산강서고등학교 김석용 선생님, 충남 태안군청 공보관실의 오광은 선생님, 영남일보 윤제호 기자님, 네이버 블로거 감선명 님, 강창송 님, 권홍식 님, 김대승 님, 김등대 님, 김방현 님, 김선중 님, 김현진 님, 박승열 님, 박종우 님, 백현수 님, 성우기 님, 양해봉 님, 오승현 님, 윤경택 님, 윤순옥 님, 이희춘 님, 임재영 님, 조원식 님, 최문영 님, 함정윤 님, 황관식 님 그리고 네이버 블로그 '단이의 일주일산', '바람따라 산에가자', '자연과 함께 놀기', '주졸벗기의 일상여행'의 운영자 님께 지면을 빌어 거듭 감사를 드린다. 그러나 구슬이 서 말이라도 꿰지 않으면 무슨 소용이 있으랴. 내 속내를 알아차리신 푸른길의 김선기 대표님께서 기꺼이 그 구슬을 정성껏 꿰어 주셨다. 깊이 감사드린다.

　　본문은 지형학의 보편적 주제 구분법에 따라 모두 13개 주제로 나누었다. 이 책이 한국지형도감이기는 하지만 독자들의 이해를 돕기 위해 각 단원마다 세계지형 사례도 일부 소개해 놓았다. 아울러 우리나라에는 존재하지 않지만, 지형학 교과서에서 필수적으로 다루는 빙하지형과 건조지형도 자료는 빈약하게나마 독립된 단원으로 삽입하여 지형도감으로서의 구색을 갖추었다. 그러나 막상 책으로 엮어 보니 눈에 거슬리는 게 한두 가지가 아니다. 특히 가장 마음에 걸리는 것은 사례지형들이 대부분 필자의 행동반경을 벗어나지 못한다는 점이다. 이 문제는 앞으로 기회가 주어지는 대로 조금씩 보완해 갈 것을 약속드린다.

차례

머리말 __4

제1장 풍화지형

01 토르 __12
02 보른하르트 __18
03 핵석 __24
04 박리 __30
05 구상풍화 __35
06 다각형균열 __37
07 입상붕괴 __39
08 새프롤라이트 __42
09 풍화동굴 __46
10 타포니 __48
11 나마 __54
12 그루브 __58
13 S자형 암벽면 __62
14 토주 __63

제2장 산지지형

01 고위평탄면 __66
02 저위평탄면 __71
03 고원 __72
04 구릉지 __74
05 돌산 __75
06 흙산 __77
07 바위그늘 __79
08 능선 __81
09 고개 __86

제3장 평야지형

01 분지 __94
02 선상지 __96
03 산록완사면 __98
04 평야 __99

제4장 하천지형

01 포트홀 __104
02 하식동 __107
03 폭포 __109
04 폭호 __115
05 소 __117
06 하식애 __119
07 협곡 __122
08 감입곡류 __124
09 망류하도 __128
10 구하도 __130
11 우각호 __132
12 포인트바 __133
13 모래톱 __135
14 하중도 __137
15 천정천 __140
16 암석하상 __141
17 자갈하상 __145
18 모래하상 __147
19 점토하상 __148
20 여울 __149
21 우곡침식 __150
22 두부침식 __152
23 하천쟁탈 __153
24 하안단구 __156
25 호소 __159

제5장 습지지형

01 산지습지 __166
02 하천습지 __170
03 하구습지 __172
04 연안습지 __174
05 인공습지 __176

제6장 해안지형

01 사취 __180
02 사주섬 __182
03 셰니어 __184
04 하구사주 __186
05 육계사주 __187
06 간조육계사주 __189
07 모래해안 __191
08 패사해안 __194
09 홍조단괴해안 __196
10 자갈해안 __197
11 사력해안 __202
12 암석해안 __204
13 갯벌해안 __208
14 직선해안 __211
15 리아스식해안 __212
16 헤드랜드 __215
17 범 __217
18 해안사구 __218
19 해안단구 __221
20 포켓비치 __223
21 해식애 __225
22 파식대 __227
23 해식와 __230
24 해식동 __233
25 시아치 __236
26 시스택 __238
27 마린포트홀 __243
28 석호 __246
29 해협 __249
30 조수웅덩이 __252
31 갯샘 __253

제7장 카르스트지형

01 돌리네 __256
02 카렌 __258
03 자연교 __261
04 싱킹크리크 __262
05 포노르 __263
06 카르스트용천 __264
07 동굴하천 __265
08 동굴폭포 __266
09 용식공 __267
10 펜던트 __269
11 침식붕 __270
12 동굴퇴적층 __271
13 종유관 __272
14 종유석 __273
15 커튼종유석 __275
16 석순 __277
17 석주 __279
18 유석 __281
19 휴석소 __284
20 동굴산호 __287
21 석화 __289

제8장 주빙하지형

01 암괴류 __292
02 애추 __295
03 유상구조토 __297

제9장 화산지형

01 분석구 __300
02 응회구 __304
03 응회환 __305
04 함몰화구 __307
05 화구호 __308
06 칼데라 __310
07 이중화산 __311
08 용암원정구 __313
09 순상화산 __314
10 용암대지 __315
11 스텝토 __316
12 용암삼각주 __317
13 용암벽 __318
14 호니토 __319
15 승상용암 __320
16 아아용암 __321
17 투물러스 __323
18 주상절리 __325
19 판상절리 __332
20 베개용암 __334
21 클링커 __335
22 탄낭구조 __336
23 화산탄 __338
24 용암동굴 __340
25 유사석회동굴 __343
26 용암구 __346
27 용암수형 __348

제10장 구조지형

01 절리 __352
02 습곡 __355
03 단층 __359
04 단층선곡 __361
05 삼각말단면 __363
06 층리 __364
07 연흔 __367
08 결핵체 __370
09 암맥 __372
10 포획암 __377
11 건열 __379
12 스트로마톨라이트 __380
13 페퍼라이트 __382
14 머드볼 __383
15 부정합 __384
16 환상구조 __386

제11장 암석

01 화강암 __390
02 구상암 __394
03 현무암 __397
04 안산암 __399
05 조면암 __402
06 유문암 __405
07 화산쇄설암 __407
08 지표쇄설암 __410
09 응회암 __412
10 퇴적암 __415
11 역암 __418
12 사암 __420
13 이질암 __422
14 석회암 __424
15 점판암 __426
16 천매암 __428
17 편암 __430
18 호온펠스 __432
19 편마암 __433
20 안구상편마암 __435
21 규암 __437
22 혼성암 __438
23 페그마타이트 __439
24 대리암 __440

제12장 빙하지형

01 빙하 __444
02 호른 __450
03 즐형산릉 __452
04 권곡 __453
05 U자곡 __455
06 피오르 __458
07 찰흔 __463
08 모레인 __465

제13장 건조지형

01 사막칠 __472
02 악지 __474
03 암석사막 __476
04 와디 __479

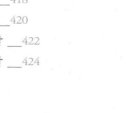

제1장

풍화지형

01   토르 tor

차별풍화에 의해 형성된 독립성이 강한 바위지형이다. 영어명 tor는 '똑 바르게 서 있는 돌탑'이라는 의미의 켈트어에서 비롯되었다. 켈트어는 영국 콘월 지방에서 쓰이던 언어다. 주로 지하에서 화학적 풍화작용을 받아 만들어진 핵석이 노출되어 발달하며, 드물게는 지상에서의 화학적 혹은 물리적 풍화작용에 의해서도 형성된다. 전형적인 토르는 대부분 화강암과 관련 있지만 특정 암석에 국한되지는 않는다. 주로 산지 정상부 혹은 산 능선에 분포하며 간혹 바닷가에서 관찰되기도 한다. 일반적으로 흔들바위, 촛대바위, 공깃돌바위, 남근바위 등으로 불리는 것들이 대부분 토르에 해당된다.

화강암 토르

1-1-1. 강원 고성군 죽왕면 공현진리 공현진해변 고재바위

1-1-2. 강원 속초시 설악동 설악산 흔들바위 (촬영: 감선명)
1-1-3. 흔들바위 (촬영: 감선명)

1-1-4. 강원 고성군 토성면 신평리 설악산 화암사 수바위

보른하르트가 풍화와 침식에 의해 해체되면서 발달한 토르다. 사진 오른쪽 뒤에 보이는 것이 울산바위다.

1-1-5. 서울시 종로구 구기동 북한산 사모바위

1-1-6. 강원 속초시 장사동 영랑호 범바위

1-1-7. 경기 의정부시 호원동 사패산 사과바위

1-1-8. 서울 노원구 상계동 수락산 창문바위

1-1-9. 서울 종로구 구기동 북한산 비봉

1-1-10. 부산 북구 화명동 금정산

1-1-11. 경기 양주시 유양동 불곡산 삼단바위

1-1-12. 대구 달성군 유가읍 용리 비슬산 대견사
1-1-13. 경기 양주시 장흥면 울대리 오봉산 오봉암

화산암 토르

1-1-14. 전남 진도군 조도면 관매도리 방아섬 남근바위(응회암)
1-1-15. 경북 울릉군 북면 현포리 노인봉 인근(조면암)

1-1-16. 광주 동구 용연동 무등산(현무암)
1-1-17. 전북 고창군 아산면 반암리 호암마을 병바위(유문암)

퇴적암 토르

1-1-18. 강원 정선군 화암면 화암리 화표주
1-1-19. 경남 의령군 정곡면 죽전리 호미산 탑바위

변성암 토르

1-1-20. 전북 완주군 운주면 산북리 대둔산 동심바위(편마암)
1-1-21. 경남 산청군 금서면 방곡리 지리산 공개바위(편마암)

세계의 지형 **사암 토르**

1-1-22. 미국 모하비사막 불의계곡 아틀라틀록

02 보른하르트 bornhardt

　차별풍화로 형성된 거대한 단일 암괴지형이다. 지하에서 화학적 풍화작용으로 만들어진 암괴가 노출된 것도 있고 지상에서 화학적 혹은 물리적 풍화작용으로 만들어지기도 한다. 풍화지형에서 보른하르트와 토르는 형성 메커니즘이나 형태적 측면에서 하나의 카테고리로 묶을 수 있다. 기존의 보른하르트가 이차적인 풍화작용과 침식을 받아 해체되기 시작하면 그 과정에서 토르가 발달하기도 한다. 보른하르트는 토르와 마찬가지로 화강암에서 가장 잘 발달하지만 화산암이나 사암 등 다른 암석에서도 형성된다.

화강암 보른하르트

1-2-1. 강원 속초시 설악동 설악산 울산바위
1-2-2. 강원 속초시 설악동 설악산 울산바위 (촬영: 박승열)

1-2-3. 강원 고성군 죽왕면 오호리해변 죽도
규모는 작지만 전체적인 윤곽은 보른하르트 형태를 하고 있다.

1-2-4. 서울 강북구 우이동 북한산 인수봉

1-2-5. 경기 양주시 장흥면 울대리 사패산

1-2-6. 경기 남양주시 별내면 불암산
1-2-7. 경기 양주시 장흥면 울대리 오봉산
부분적으로는 토르가 발달해 있지만 전체적
으로는 보른하르트에 해당된다.

1-2-8. 경북 문경시 가은읍 원북리 희양산

화산암 보른하르트

1-2-9. 전북 군산시 옥도면 선유도리 선유도 망주봉(유문암)

1-2-10. 경북 청송군 주왕산면 주왕산(유문암)

퇴적암 보른하르트

1-2-11. 전북 진안군 마령면 동촌리 마이산(역암)

변성암 보른하르트

1-2-12. 충북 영동군 황간면 원촌리 초강천 월류봉

1-2-13. 미국 캘리포니아 요세미티국립공원 하프돔
원래는 온전한 돔 형태였지만 빙하의 침식작용으로 반쪽이 떨어져 나감으로써 현재와 같은 반구가 되었다.

1-2-14. 브라질 리우데자네이루 슈거로프산

O3 핵석 核石 corestone

지중에서의 차별풍화로 형성된 잔유암괴다. 암석의 종류, 풍화가 진행된 시간 등에 따라 둥근 핵석, 각진 핵석 등이 발달한다. 핵석의 크기나 모양은 기반암에 형성된 절리의 형태와 규모에 의해 결정된다. 대부분 심성암인 화강암에서 가장 잘 발달하지만 드물게 화산암이나 석회암에서도 발달한다. 핵석은 자연적 혹은 인위적으로 풍화물질이 제거되면서 지표로 노출되는데 이들은 이차적으로 토르, 보른하르트, 암괴류 등 다양한 풍화지형을 만드는 재료가 되기도 한다.

화강암 핵석

1-3-1. 강원 강릉시 연곡면 삼산리 소금강계곡
1-3-2. 대구 달성군 유가읍 용리 호텔아젤리아
1-3-3. 인천 강화군 화도면 동막리해안
1-3-4. 동막리해안

| 1 | 2 |
| 3 | 4 |

화산암 핵석

1-3-5. 강원 고성군 죽왕면 오봉리 왕곡마을(현무암)

1-3-6. 경북 포항시 남구 연일읍 달전리(현무암)

1-3-7. 제주 서귀포시 대정읍 가파리 가파도(안산암)

1-3-8. 가파도

1	2
3	4

퇴적암핵석

1-3-9. 강원 삼척시 남양동(석회암)

1-3-10. 충북 단양군 어상천면 대전리(석회암)

카르스트지형에서는 이러한 핵석을 카렌이라고 해서 따로 구분한다.

1-3-11. 강원 강릉시 사천면 사천진리 사천진항

1-3-12. 강원 고성군 죽왕면 오호리 죽도

1-3-13. 죽도

1-3-14. 강원 강릉시 연곡면 삼산리 소금강계곡

1-3-15. 강원 강릉시 연곡면 연곡천

1-3-16. 강원 속초시 영랑동 영랑호

1-3-17. 영랑호

1-3-18. 강원 양양군 현남면 동산리 동산항

1-3-19. 강원 양양군 현남면 동산리 동산해변

1-3-20. 경기 의정부시 수락산 석림사계곡

1-3-21. 인천 강화군 화도면 내리 후포항

토르를 만든 핵석

1-3-22. 강원 속초시 영랑동 영랑호 범바위

암괴류를 만든 핵석

1-3-23. 경남 밀양시 삼랑진읍 용전리 만어산 만어사암괴류
1-3-24. 대구 달성군 유가읍 용리 비슬산 비슬산암괴류

핵석의 이용

1
2 3

1-3-25. 강원 강릉시 저동 경포해변
1-3-26. 경남 함양군 안의면
1-3-27. 인천 강화군 삼산면 매음리 보문사

세계의 지형
화산암 핵석

1-3-28. 일본 산인해안 겐부도
현무암 주상절리상에 발달한 핵석이다.

04 박리 剝離 exfoliation

암괴의 표면이 양파껍질처럼 벗겨지는 현상이다. 땅속에 존재하던 암석의 노출에 따른 압력 제거, 지하 혹은 지상에서 암석의 가열과 냉각에 따른 팽창과 수축 등 다양한 요인에 의해 형성된다. 규모에 따라 가장 작은 것은 플레이킹(flaking), 중간 규모는 양파구조(onion structure), 가장 큰 것은 판상절리(sheeting joint) 로 구분하지만 그 경계가 명확하지 않은 경우도 많다. 암석 광물이 균질하게 배열된 결정질암석 특히 화강암에서 잘 발달한다. 박리현상은 기존의 토르를 파괴시키거나 거대한 보른하르트로부터 새로운 토르를 만드는 메커니즘으로 작용하기도 한다. 박리현상은 지중의 암석이 둥근 형태로 풍화되는 구상풍화의 원인이 되기도 한다.

플레이킹

1-4-1. 서울 북한산

양파구조

1-4-2. 강원 동해시 삼화동 무릉계곡

1-4-3. 강원 양양군 현남면 광진리 휴휴암　　1-4-5. 강원 화천군　　1-4-7. 경기 양평군
1-4-4. 경기 의정부시 수락산 석림사계곡　　1-4-6. 경남 거창군 북상면　　1-4-8. 경기 남양주시 별내면 불암산

1-4-9. 경남 함양군 안의면　　1-4-10. 대구 달성군 유가읍 용리 비슬산　　1-4-11. 서울 북한산
1-4-12. 서울 종로구 구기동 북한산 문수봉　　1-4-13. 서울 노원구 상계동 수락산　　1-4-14. 수락산

1-4-15. 인천 강화군 화도면 내리 후포항
1-4-16. 인천 강화군 화도면 동막리 동막해안

판상절리

1-4-17. 강원 동해시 삼화동 무릉계곡
1-4-18. 강원 철원군 동송읍 장흥리 한탄강
마당바위
1-4-19. 경기 양주시 덕계동 도락산

1-4-20. 경기 의정부시 수락산 석림사계곡 수락폭포

1-4-21. 경북 문경시 가은읍 원북리 희양산

1-4-22. 서울 종로구 무악동 인왕산 기차바위

1-4-23. 인천 강화군 화도면 상방리 마니산

1-4-24. 인천 강화군 삼산면 매음리 낙가산 보문사 눈썹바위

1-4-25. 충북 괴산군 청천면 관평리 선유동계곡

1	2
3	4
5	6

토르를 만든 박리

1-4-26. 서울 북한산

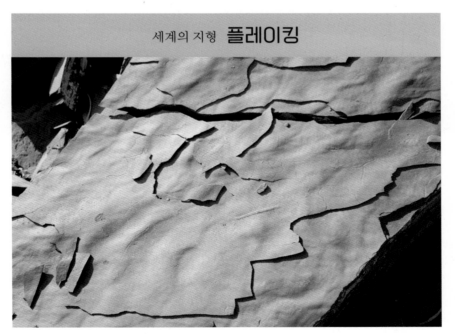

세계의 지형 **플레이킹**

1-4-27. 일본 대마도 쓰쓰자키곶
퇴적암에 발달한 박리구조로 일종의 플레이킹이라고 할 수 있다.

05 구상풍화 球狀風化 spheroidal weathering

암석이 둥근 형태로 풍화가 진행되는 현상이다. 지중의 암석이 풍화를 받을 때는 암석에 발달한 절리가 교차하는 지점 즉 암석의 모서리 부분을 따라 풍화가 선택적으로 빨리 진행되면서 암괴의 모서리가 둥글어진다. 핵석 대부분이 둥근 형태인 것은 이러한 구상풍화와 관련이 있다. 지하 깊은 곳에 존재하던 암괴가 지표로 노출된 이후에는 압력 해제 등에 의해 박리현상이 나타나면서 암석의 표면이 양파껍질처럼 벗겨지게 되는데 이러한 박리작용도 구상풍화를 일으키는 요인 중 하나다.

1-5-1. 강원 고성군 죽왕면 오호리 죽도

1-5-2. 경기 광주군 오포읍 신현리 문형산
1-5-3. 인천 강화군 화도면 동막리 동막해안
1-5-4. 전남 여수시 화정면 사도리 사도

1-5-5. 강원 강릉시 강동면 정동진리 정동진해안　　　　　　　1-5-6. 인천 강화군 화도면 동막리 동막해안

06 다각형균열 多角形龜裂 polygonal cracks

　　암석 표면이 거북 등처럼 갈라지는 현상이다. 지표면 아래에서는 심층풍화로 둥근 형태의 핵석이 만들어지고 그 표면은 양파 모양의 껍질이 형성되는데 이 중 안쪽 껍질 부분을 따라 동심원상으로 철(Fe)이나 망간(Mn) 산화물이 스며들어 침전되어 굳어지고 이것이 바깥쪽 껍질을 팽창시킴으로써 만들어진다. 형성 초기에는 부분적으로 별(star) 모양의 균열이 만들어지고 이들 균열이 이웃한 균열과 서로 교차하면 결국 전체적으로는 다각형의 패턴이 형성된다.

1-6-1. 강원 양양군 현남면 광진리 휴휴암해안 발가락바위
1-6-2. 휴휴암해안

1-6-3. 강원 양양군 현남면 동산리 동산해변 바둑판바위
1-6-4. 강원 양양군 현남면 인구리 죽도

1-6-5. 경기 양주시 유양동 불곡산 악어바위

1-6-6. 강원 양양군 현남면 인구리 죽도
1-6-7. 불곡산 메주바위
1-6-8. 서울시 도봉구 도봉산 인절미바위

세계의 지형 다각형균열

1-6-9. 일본 대마도 만제키바시 인근
이 지역 안내자료에서는 '구상구조'로 표기되어 있다.
부분적으로는 다각형 균열이면서 전체적인 윤곽은 구
상구조에 해당된다고 할 수 있다.

O7 입상붕괴 粒狀崩壞 granular disintegration

　대표적인 결정질(結晶質) 암석인 화강암이 풍화될 때 이 암석을 구성하는 석영, 장석, 운모 등의 광물 입자들이 알갱이 형태로 하나씩 떨어져나오면서 전체적으로 암석이 서서히 붕괴되는 현상이다. 지하에서 화강암의 화학적 풍화가 시작되면 이들 입자 중 저항강도가 가장 약한 장석 성분이 우선적으로 풍화되는데 그 결과 나머지 석영이나 운모 알갱이는 저절로 결합력이 상실되면서 화강암은 서서히 붕괴된다. 화강암 산지에서 다양한 형태의 기암괴석이 만들어지는 것은 바로 이 입상붕괴라고 하는 독특한 형태의 화강암 풍화 메커니즘과 관련이 있다. 화강암 산지의 주요 미지형 경관들인 타포니, 나마, 그루브 등은 모두 이 입상붕괴에 의해 만들어진다. 화강암 산지의 등산로가 유독 다른 암석 산지에 비해 미끄러운 것은 입상붕괴에 의해 만들어진 석영 입자들이 깔려 있기 때문이다. 강이나 바닷가의 모래들은 바로 입상붕괴에 의해 만들어진 석영 알갱이들이 빗물에 의해 씻겨 내려가 쌓여 있는 것이다. 보통 일반적인 암석은 기반암→바위→자갈→모래 순으로 풍화가 진행되지만 화강암은 기반암→모래 순으로 진행된다. 우리 주변에 화강암 자체는 풍부한 데 비해 상대적으로 화강암 자갈이 드문 이유는 입상붕괴라는 화강암의 독특한 풍화적 특징 때문이다.

1-7-1. 경기 남양주시 별내면 불암산 불암사 인근
1-7-2. 불암사
1-7-3. 불암사

1-7-4. 경기 양주시 도락산 정상

1-7-5. 경기 의정부시 수락산 석림사계곡
1-7-6. 석림사계곡
1-7-7. 석림사계곡
1-7-8. 석림사계곡
1-7-9. 석림사계곡
1-7-10. 석림사계곡

1-7-11. 석림사계곡
1-7-12. 석림사계곡

1-7-13. 경기 포천시 산정호수   1-7-15. 서울 인왕산
1-7-14. 산정호수   1-7-16. 인왕산

08 새프롤라이트 saprolite

　　땅속의 암석이 화학적 혹은 물리적 풍화를 받아 결합력이 약해진 상태를 말한다. 새프롤라이트는 토양형성의 기본 재료가 된다. 새프롤라이트의 물리·화학적 특성은 암석에 따라 다르게 나타난다. 화강암 새프롤라이트는 굵은 모래(석영 성분)가 많이 섞여 있는데 흔히 '마사토'라 부르는 것은 이에 해당된다. 편마암과 석회암에 형성된 새프롤라이트는 상대적으로 철 성분이 많아 붉은색을 띤다. 카르스트 지형의 대표적 경관 중 하나인 테라로사는 바로 석회암에 형성된 새프롤라이트를 지칭한다. 새프롤라이트가 형성되는 과정에서 풍화에 대한 저항성이 강한 암석은 새프롤라트 안에서 암석 형태를 유지하면서 독립적으로 존재하게 되는데 이를 핵석이라고 한다.

화강암 새프롤라이트

1-8-1. 경기 포천시 산정호수

1-8-2. 강원 강릉시
1-8-3. 강릉시

화강섬록암 새프롤라이트

1-8-4. 경남 밀양시 만어산

석회암 새프롤라이트

1-8-5. 강원 단양군 매포읍

1-8-6. 강원 영월군
석회암이 풍화된 테라로사 토양이다.

역암 새프롤라이트

1-8-7. 경북 포항시 남구 장기면 영암리

편마암 새프롤라이트

1-8-8. 강원 강릉시 성산면
1-8-9. 충남 태안군 원북면 방갈리 분점도

1-8-10. 전북 고창군
기반암의 풍화가 시작되면서 새프롤라이트가 만들어져 가는 초기 모습이다.

1-8-11. 제주 서귀포시 왕이메

1-8-12. 제주 제주시 한림읍 비양도 비양봉

09 풍화동굴 風化洞窟 weathering cave

풍화작용에 의해 발달한 자연동굴이다. 땅속 기반암에 형성된 절리(節理, joint)를 따라 물이 스며들면 그 부분을 중심으로 집중적인 풍화작용이 일어나고 풍화물질이 제거됨으로써 그 자리에 빈 공간이 만들어진다. 풍화동굴은 모든 암석에서 형성될 수 있으나 대개 절리가 규칙적으로 발달해 있고 화학적 풍화가 잘 일어나는 화강암에서 특히 잘 발달한다. 형태적 측면에서 크게 수평동굴과 수직동굴로 구분하지만 두 형태가 결합된 경우도 있다. 풍화동굴이 발달하기 위해서는 풍화물질이 쉽게 제거되어야 하므로 풍화동굴은 주로 물빠짐이 좋은 산지 정상이나 사면에서 잘 발달한다.

1-9-1. 경기 의정부시 호원동 사패산 호암사 백인굴(상부동굴 입구)
100여 명의 사람들이 들어갈 수 있는 동굴이라고 해서 백인동굴로 불린다. 동굴은 사면 경사를 따라 거의 수직을 이루며 상부와 하부에 각각 동굴입구가 형성되어 있다.

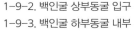

1-9-2. 백인굴 상부동굴 입구
1-9-3. 백인굴 하부동굴 내부

1-9-4. 경기 포천시 관인면 냉정리 옹장굴(동굴 입구)

크게 보면 화강암 풍화동굴이지만 동굴 천정은 현무암층으로 되어 있는 특이한 구조다. 사진에서 동굴 위쪽은 현무암이고 아래쪽은 화강암이다. 동굴은 현무암과 화강암의 경계면을 따라 발달했다. 세계적으로도 희귀한 형태의 풍화동굴이다. 옹장굴에는 10여 개의 입구가 있고 내부로 들어가면 동굴들이 미로처럼 서로 얽혀 있다. 현재까지 확인된 길이만 1km에 이르는데 실제로는 그 두 배 이상일 것으로 추정하고 있다.

1-9-5. 옹장굴 내부

옹장굴에서 가장 큰 동굴 광장으로 현지 주민의 천연냉장고로 활용되고 있다. 옹장굴은 이 동굴을 발견한 땅 주인이 이 일대의 옛지명인 '옹장골'에서 따온 것이란다. 옹장골이라는 지명은 다른 지역에서도 많이 관찰되는데 이는 옹기를 굽던 마을이라는 의미. 옹기의 재료가 되는 것이 바로 새프롤라이트에 들어 있는 점토질 토양이다.

1-9-6. 충북 청주시 상당구 미원면 운암리 청석굴

퇴적변성암에 발달한 풍화동굴이다. 기반암은 고생대 옥천층군 화전리층에 해당되며 주로 천매암, 석회질 셰일, 석회암 등으로 구성되어 있다. 동굴은 습곡구조 내에 발달해 있어 특이한 모습을 보여준다.

1-9-7. 청석굴 내부

미약하게 종유석이 관찰되기는 하지만 전형적인 석회동굴의 특징은 나타나지 않는다. 초기에는 석회암의 용식작용이 동굴형성을 유도하기는 했지만 지금과 같은 동굴이 만들어진 것은 이차적인 기계적풍화가 결정적인 요인이 된 것으로 보인다.

10 타포니 tafoni

토르나 보른하르트와 같은 암괴 측면에 동굴 형태로 발달한 바위구멍이다. 영어명 tafoni는 코르시카 섬에서 이러한 지형을 '구멍투성이'라는 의미의 타포네라(tafonera)로 부른 것에서 비롯되었다. 지하 혹은 지상에서 암석의 다양한 물리적·화학적 풍화로 형성된다. 타포니 중에서 작은 구멍들이 벌집처럼 결합된 것은 벌집풍화(honeycomb weathering) 혹은 앨비올러 풍화(alveolar wethering)로 부르기도 하지만 그 구분이 명쾌하지는 않다. 화강암류와 같은 결정질 암석에서 잘 발달하지만 석회암, 사암, 결정편암, 화산암 등 다양한 암석에서도 관찰된다.

화강암 타포니

1	2
3	4

1-10-1. 강원 강릉시 주문진읍 주문리 소돌아들바위공원
1-10-2. 강원 강릉시 주문진읍 주문리 주문진해변
1-10-3. 주문진해변
1-10-4. 서울 종로구 무악동 인왕산 선바위

1	2
3	4
5	6
7	

1-10-5. 강원 고성군 죽왕면 문암진리 능파대

1-10-6. 강원 고성군 죽왕면 문암진리 백도항

1-10-7. 강원 양양군 현남면 동산리 동산항

1-10-8. 강원 양양군 현남면 인구리 죽도

1-10-9. 죽도

1-10-10. 죽도

1-10-11. 서울 종로구 구기동 북한산

화산암 타포니

1-10-12. 경북 울릉군 서면 태하리

1-10-13. 전남 목포시 용해동 갓바위
1-10-14. 경북 경주시 양북면 안동리 골굴암(안산암질응회암)

1-10-15. 전남 신안군 자은면 백길리 자은도 백길해변(화산성쇄설암)
이런 유형의 타포니는 벌집풍화로 부르기도 한다.

1-10-16. 전남 진도군 조도면 관매도리 꽁돌(화산쇄설성응회암)
1-10-17. 제주 서귀포시

1-10-18. 전남 여수시 화정면 사도리 사도(응회암)
1-10-19. 제주 서귀포시 안덕면 사계리 용머리해안(화산성쇄설암)
1-10-20. 제주 제주시 우도면 연평리 비양도(현무암)
1-10-21. 충남 태안군 안면읍 정당리 여우섬
전체적으로는 일종의 노치(해식와)에 해당되며 여기에 타포니가 결합되어 있는 형태다.

| 1 | 2 |
| 3 | 4 |

1-10-22. 경기도 화성시 송산면 고정리 공룡알 화석산지

1-10-23. 울산시 동구 방어동 슬도

평탄한 기반암에는 나마 형태의 구멍들도 다수 발달해 있다. 이러한 곳에서는 타포니와 나마의 구분이 명쾌하지 않다. 이러한 특징은 물속에서 석공조개(돌에 구멍을 내는 조개)와 같은 바다 생물에 의한 생물학적 풍화가 우세하게 작용했기 때문인 것으로 해석된다.

1-10-24. 전북 진안군 마령면 동촌리 마이산(역암)

1-10-25. 마이산

세계의 지형 **퇴적암(사암) 타포니**

1-10-26. 미국 모하비사막 불의계곡
타포니 내부에 이중으로 타포니가 발달했다.

11 나마 gnamma

  기반암이나 토르 혹은 보른하르트 정상부 평탄면에 발달한 바위구멍이다. 영어명 gnamma는 오스트레일리아 원주민인 애버리지니 언어로 '구멍'이라는 뜻이다. 일차적으로 암석의 화학적, 물리적 풍화작용에 의해 발달하고 여기에 생물이 정착하면서 이차적으로 생물풍화가 진행되기도 한다. 대부분 화강암에서 잘 발달한다. 형태는 크게 접시형, 반구형, 안락의자형 등으로 구분된다. 대부분 화강암에서 발달하지만 드물게 화산암, 퇴적암에서도 관찰된다. 우리나라에서 나마는 전통적으로 '성스러운 구멍바위'라는 뜻의 '성혈'로 취급되어 민간 신앙의 대상으로서 활용되어 왔다. 우리의 암석신앙은 대개 토르 혹은 나마와 관련된 것이 많은데 이 둘은 각각 남성과 여성을 상징하기 때문이다.

1-11-1. 강원 삼척시 미로면 내미로리 쉰움산 쉰우물
우물처럼 물이 고인 나마가 쉰 개나 있다고 해서 붙여진 지명이다. 그러나 50은 상징적 의미이고 실제로 세어 보면 100여 개 이상에 이른다. 표지석에는 '오십정'이라고 되어 있다.

1-11-2. 쉰움산 쉰우물
1-11-3. 쉰움산 쉰우물

1-11-4. 강원 고성군 죽왕면 오봉리 송지호해변
1-11-5. 강원 속초시 설악동 설악산 권금성
1-11-6. 강원 양양군 현남면 인구리 죽도

1-11-7. 강원 양양군 현남면 광진리 휴휴암 해안
1-11-8. 휴휴암 해안
1-11-9. 경북 상주시 화북면 장암리 속리산 문장대
세 개의 나마가 유수의 작용으로 점차 결합되고 있다. 나마가 이렇게
성장하면 결국 나마가 발달한 토르나 보른하르트는 서서히 파괴되기
시작한다.

1-11-10. 부산 금정구 청룡동 금정산 금샘

크게 보면 접시형 나마이지만 이 접시가 길쭉한 돌기둥 위에 올라앉아 있는 모습이 마치 폰트(세례반, fonts)를 닮았다고 해서 외국에서는 따로 '폰트형 나마'로 취급하기도 한다.

1-11-11. 경북 포항시 남구 구룡포읍 석병리 성혈

민간신앙의 숭배 대상이 되어온 나마다. 고대인들은 이 성혈에 작은 돌을 집어넣어 돌리면서 다산과 풍요로운 삶을 기원했다고 한다.

1-11-12. 서울 종로구 구기동 북한산 문수봉

1-11-13. 북한산 문수봉

1-11-14. 북한산 문수봉

1	2
3	4

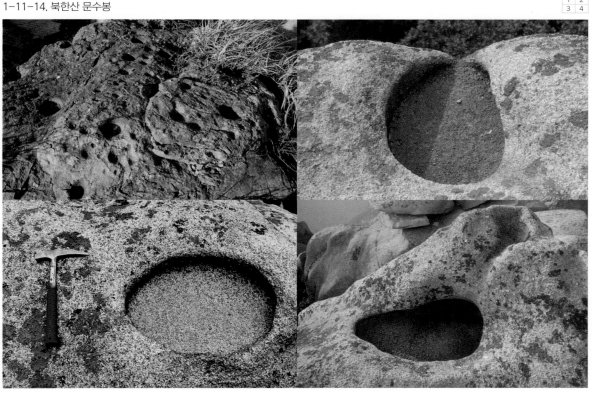

1-11-15. 울산 동구 일산동 대왕암공원 넙디기

1-11-16. 인천 연수구 송도동 아암도 해안공원

1-11-17. 아암도 해안공원

1-11-18. 전남 영암군 영암읍 회문리 월출산 구정봉
구정봉은 우물 형태의 나마가 9개 있는 봉우리라는 의미다.

1-11-19. 제주 서귀포시 대정읍 신도리 도구리알해안

12 그루브 grooves

  토르나 보른하르트의 암벽사면을 따라 밭고랑 형태로 파인 오목한 지형이다. 플루트(flut), 플루팅스 (flutings), 그라니트카렌(granitkarren), 그라니트릴렌(granitrillen) 등 여러 이름이 있지만 국내에서 는 그루브로 통일되어 있다. 유수의 침식과 물리·화학적풍화로 발달하며 여기에 지의류(地衣類)의 생 화학적 작용도 어느 정도 영향을 준다. 암석사면 중 비교적 급경사 사면에 발달한 것을 그루브, 완경사 사면의 것을 런늘(runnels) 혹은 거터(gutters)로 구분하기도 한다. 주로 화강암지역에서 관찰된다.

1-12-1. 강원 고성군 죽왕면 오호리 죽도

1-12-3. 강원 속초시 설악동 설악산 흔들바위

1-12-2. 오호리 죽도

1-12-7. 경기도 포천시

1-12-4. 강원 양양군 현남면 광진리 휴휴암

1-12-5. 휴휴암

1-12-7. 경기도 포천시

1-12-8. 불암산

1-12-6. 경기 남양주시 별내면 불암산

그루브가 극단적으로 발달하면 서로 이웃한 그루브 사이에 사진에서처럼 플루팅코어라 불리는 돌기모양의 흔적만 남고 그루브 형태는 사라진다.

1-12-9. 경기도 양주시 장흥면 울대리 사패산

1-12-10. 서울시 종로구 무악동 인왕산
1-12-11. 서울시 종로구 구기동 북한산 문수사
연꽃바위
전형적인 토르에 발달한 그루브이다.

1-12-12. 경북 상주시 화북면 장암리 속리산 문장대

1-12-13. 인왕산

1-12-14. 인왕산 치마바위

1-12-15. 인왕산 와불

이제 막 그루브가 발달하는 초기 단계의 모습이다. 와불 정 상부에는 부처 배꼽으로 불리는 '단전'이 있는데 이는 전형 적인 나마에 해당된다. 상부면에는 타포니도 보인다. 이 와 불은 풍화지형으로서의 바위구멍들인 타포니, 나마, 그루브 가 한자리에 모여 있는 아주 특이한 장소다.

13 S자형 암벽면 S子形岩壁面 flared slope

　암벽 사면이 나팔꽃 모양(flared)으로 완만하게 휘어진 지형이다. 우리나라에서는 S자형 암벽면으로 번역해 쓰고 있다. 세계적으로 대표적인 사례 지형은 오스트레일리아 서부 관광 명소 중 하나인 웨이브 락(Wave rock)이다. 외국의 일부 연구자들은 이 지명을 그대로 학술용어로 사용하기도 한다. 우리나라 에서는 토르나 보른하르트의 하단부에서 관찰되지만 흔하게 볼 수 있는 경관은 아니다.

1-13-1. 강원 속초시 영랑동 영랑호 범바위
1-13-2. 전북 진안군 마령면 동촌리 마이산 숫마이봉

14 토주 土柱 soil column

　풍화물질이 우수(雨水)의 차별침식을 받아 형성된 기둥모양의 미지형(微地形)이다. 흙기둥, 토탑이라고도 한다. 영어명은 earth turrets, earth furred도 쓰인다. 이러한 형태의 침식을 토탑침식(pinnacle erosion)이라고도 한다. 잔자갈과 모래, 점토가 적당히 섞여 있어 결합력이 강한 풍화층이 두껍게 쌓여 있고 그 위에 단단한 암석 조각들이 얹힌 경우에 잘 발달한다. 편마암산지는 대체적으로 이러한 조건을 만족시킨다. 풍화층 위에 놓인 크고 작은 암석 조각은 아래쪽 흙이 침식되지 않도록 보호해주는 역할을 한다. 장마철같이 일시적으로 비가 많이 오는 계절에 국지적으로 형성된다.

1-14-1. 경기 성남시 분당구 분당동 밤골계곡
1-14-2. 밤골계곡
1-14-3. 밤골계곡

제2장

산지지형

01 고위평탄면 高位平坦面 high flat summit

해발고도가 높은 산지에 발달한 평탄면이다. 고위침식면이라고도 한다. 과거 침식작용에 의해 만들어진 평탄한 땅들이 지반이 융기하면서 높이 들어 올려 만들어진다. 이러한 성인 때문에 주로 태백산맥이나 소백산맥 같은 융기산지를 중심으로 분포한다. 형태적으로는 고원의 범주에 들지만 고원 중에서도 침식−융기라고 하는 성인이 특히 강조된다. 일차적으로 융기한 고위평탄면이 다시 이차적으로 침식되어 변형 및 축소된 것을 저위평탄면이라고 한다. 그러나 저위평탄면을 야외에서 관찰해 보면 산지보다 평야에 가깝기 때문에 산지지형으로서는 주요하게 취급하지 않는다.

2-1-1. 강원 강릉시 왕산면 대기리 안반데기
해발 1100m의 태백산맥을 따라 발달한 고위평탄면으로 고랭지 채소재배지로 이용된다. 주민들은 여름 농사철에만 이곳에 머무르고 가을이 되면 저지대로 내려가 겨울을 난다.

2-1-2. 강원 평창군 대관령면 병내리 오대산 진고개
진고개정상휴게소 일대 노인봉 남서쪽에 형성되어 있다.

2-1-3. 강원 강릉시 왕산면 대기리 안반데기

2-1-4. 강원 평창군 대관령면 횡계리
해발 900m의 태백산맥을 따라 남북으로 긴 고위평탄면이 발달해 있다. 사진의 오른쪽이 강릉, 왼쪽이 평창쪽이다.

2-1-5. 횡계리

2-1-6. 강원 평창군 미탄면 청옥산 육백마지기

해발 1200m의 산능선부에 육백 마지기 규모의 넓고 평탄한 농경지가 있다고 해서 붙여진 지명이다. 마지기를 평수로 바꾸면 약 12만 평이니 꽤나 넓은 땅이다. 고랭지 채소농사 및 풍력발전단지로 이용해 왔는데 최근에는 꽃밭을 조성해서 많은 여행자가 찾는 지역 명소가 되었다.

2-1-7. 대구 달성군 유가읍 용리 비슬산

해발 1000m 지점에 형성된 고위평탄면이다.

2-1-8. 비슬산

2-1-10. 경기 광주군 남한산성면 산성리 남한산성마을

해발 500m 지점에 남한산성 역사유적 및 관광마을이 들어서 있다.

2-1-9. 강원 평창군 대관령면 용산리 알펜시아리조트

2-1-11. 전남 구례군 산동면 좌사리 지리산 노고단

해발 1500m 지점의 노고단은 천왕봉(1900m), 반야봉(1700m)과
함께 지리산의 3대 명봉 중 하나다. 옛날에는 지리산 산신제를 지냈
고 지금은 지리산 전망대 및 일출 명소로 유명하다. 전망대에 서면
북동쪽으로는 천왕봉과 반야봉이, 남서쪽으로는 구례읍과 섬진강이
한눈에 들어온다.

2-1-12. 지리산 노고단

2-1-13. 경남 산청군 시천면 내대리 지리
산 세석평전

해발 1500m에 위치하는 것으로 남한에서는
가장 높은 곳에 위치하는 고위평탄면으로 알
려져 있다. 이름은 작은 돌들이 깔려 있는 평
원이라는 뜻에서 비롯되었다.

2-1-14. 경남 합천군 가회면 황매산 황매평전 (촬영: 최문영)
해발 900m 지대에 발달해 있다. 황매평전은 철쭉 군락지로 유명한 곳이다.

2-1-15. 경남 창녕군 창녕읍 화왕산
해발 600m지대에 발달한 고위평탄면으로 억새밭과 진달래 군락지대를 이루고 있다.

2-1-16. 울산 울주군 신불산 (촬영: 박종우)
해발 약 900m 지대에 발달해 있다. 이 고위평탄면은 단속적이기는 하지만 남쪽으로는 영축산, 북쪽으로는 간월산까지 길게 이어진다.

2-1-17. 신불산 (촬영: 박종우)

02 저위평탄면 低位平坦面 low planation surface

해발고도가 비교적 낮은 산지 지역에 국지적으로 존재하는 평탄한 땅이다. 침식평탄면이 융기하여 만들어진 고위평탄면이 이차적 침식작용에 의해 축소, 변형된 것이다. 학자들에 따라서는 고위평탄면과 저위평탄면 사이에 중간평탄면을 넣기도 하지만 보통은 중간평탄면을 저위평탄면의 하나로 본다. 풍화와 침식이 활발한 화강암 지역에서 보편적으로 관찰되며 태백산맥 서쪽의 진부, 원주, 여주, 이천, 충주, 김포 등에 주로 분포한다.

2-2-1. 강원 평창군 진부면 하진부리

2-2-2. 경기 여주시 월송동 여주CC

2-2-3. 경기 용인시 처인구 양지면 대대리 아시아나CC

03 고원 高原 plateau

해발고도가 높은 곳에 위치한 평탄한 땅이다. 침식, 융기, 화산작용 등 여러 요인에 의해 형성되며 각 성인에 따라 침식고원, 융기고원, 용암고원(용암대지) 등으로 구분한다. 특정 암석에 국한되지는 않지만 우리나라의 경우 풍화와 침식에 약한 화강암 지대에 주로 형성되어 있다. 주로 한반도 북쪽 산악지대에 집중되어 있고 남쪽에서는 전북 진안의 진안고원, 남원의 운봉고원 등 일부 지역에서 관찰된다. 이들 고원은 소백산맥이 융기된 후 차별침식작용으로 만들어진 것으로 해석한다.

2-3-1. 전북 남원시 운봉읍 운봉고원
행정구역으로서의 운봉읍 자체가 고원에 해당된다. 섬진강과 낙동강의 상류 지역으로서 두 강의 차별침식으로 발달한 고원이다. 고원 안쪽이 화강암, 고원을 둘러싼 산지가 편마암이다.

2-3-2. 전북 진안군−무주군−장수군 진안고원

공식 명칭은 진안고원이지만 실제 행정구역은 무주, 진안, 장수에 걸쳐 있다고 해서 '무진장고원'으로도 불린다. 섬진강과 금강의 상류지역으로서 두 강의 침식작용에 의해 만들어졌다. 고원의 지질은 대부분 화강암질 편마암이며 국지적으로 퇴적역암도 존재한다. 고원 내에 자리한 마이산이 바로 퇴적역암산지다.

세계의 지형 **고원**

2-3-3. 미국 콜로라도 고원

그랜드캐니언은 콜로라도 고원을 관통하는 콜로라도강의 침식작용으로 만들어졌다.

04 구릉지 丘陵地 hills

산지와 평야의 중간적 성격인 지형이다. 절대적 기준은 아니지만 대략 기복량(起伏量) 300m 내외인 것이 보통이다. 기복량은 해발고도와는 달리 주변 평탄부에서 바라본 '상대적 높이'를 말한다. 지반이 안정된 상태에서 오랜 기간 침식작용으로 발달한다. 연구자에 따라서는 저산성산지를 구릉지에 포함하는 경우도 있고, 독립성이 강한 것을 구릉지, 연속성이 있는 것을 저산성산지로 구분하기도 한다. 수치적으로는 기복량 300m 이하를 구릉지, 그 이상을 저산성산지로 정의하기도 하지만 그 경계는 명확하지 않다. 중부 및 남서부 평야지대를 중심으로 폭넓게 분포한다.

2-4-1. 강원 춘천시 봉의산
해발 300m의 봉의산은 춘천분지 중앙에 자리한 전형적인 고립구릉이다.

2-4-2. 경기 여주시 세종대왕면 여주평야

2-4-3. 충남 예산 내포평야
뒤쪽으로는 저산성산지가 연속적으로 이어져 있고 가운데로는 독립된 구릉지들이 간헐적으로 분포한다.

05 돌산 돌山 rock mountain

　기반암이 지표면에 그대로 노출된 산지다. 암산(岩山)이라고도 한다. 토양층이 얇아 전반적으로 식생이 빈약하고 산세가 험준한 것이 특징이다. 주로 화강암 산지에서 발달한다. 지하 깊은 곳에서 만들어진 화강암은 땅속에서 주로 화학적풍화를 받게 되는데 이후 땅이 융기하고 풍화물질이 제거되면 풍화되지 않은 기반암이 지표면으로 드러나게 된다. 화강암은 일단 대기 중에 노출되면 비교적 풍화에 견디는 힘이 강하기 때문에 오랜 시간 동안 기반암 상태가 그대로 유지된다. 부분적으로 풍화가 진행되기는 하지만 화강암 풍화물질은 석영 등의 모래 성분이 많고 접착력이 약하므로 쉽게 제거되는 특징이 있다.

2-5-1. **경기 불암산과 수락산**
사진 앞쪽이 불암산, 뒤쪽이 수락산이다.

2-5-2. 경기 수락산

2-5-3. 경기 포천시 이동면 명성산

2-5-4. 서울 종로구 무악동 인왕산

2-5-5. 경북 경주시 배동 경주남산

2-5-7. 전남 해남군 두륜산 가련봉 (촬영: 양해봉)
미문상화강암으로 된 산지다.

2-5-6. 전남 영암군 월출산 (촬영: 김등대)

06 흙산 흙山 soil mountain

　산지 표면에 두껍게 흙이 쌓여 있고 기반암이 거의 노출되어 있지 않은 산지다. 토산(土山)이라고도 한다. 전반적으로 식생이 풍부하고 산세가 부드러운 것이 특징이다. 주로 편마암 등의 변성암 산지에서 발달한다. 편마암류는 세립질의 퇴적암이 변성된 암석이기 때문에 암석이 풍화되면 점토 등의 세립질 흙이 만들어지는데 이들은 접착력이 강해서 쉽게 제거되지 않은 채 계속 쌓여 두꺼운 토양층을 만들게 된다. 편마암류는 화강암류와는 달리 대기 중에서도 쉽게 풍화가 진행되므로 그만큼 기반암이 지표면에 노출되어 있을 확률이 낮아진다.

2-6-1. 강원 오대산 국립공원 노인봉　　　　　　　　　　　　　　　　2-6-2. 전남 구례군 지리산

2-6-3. 강원 태백시 태백산

2-6-4. 전남 구례군 지리산

2-6-5. 전북 무안군 무안읍 오산리 일대

2-6-6. 강원도 태백시 태백산 천제단 일대
(출처: 네이버 블로그 '자연과 함께 놀기')

2-6-7. 충북 단양군 소백산
(출처: 네이버 블로그 '바람따라 산에 가자')

07 바위그늘 rock shade

　풍화 및 침식작용에 의해 절벽 밑에 형성된 오목한 와지이다. 반동굴이라고도 한다. 형태적 측면에서 보면 해안지형에서의 해식와(노치, notch)와 비슷한 개념이다. 해식와와 마찬가지로 더 깊게 풍화와 침식이 진행되면 동굴이 형성되기도 한다. 바위그늘은 고고학적으로는 선사시대 유적지가 많이 발견되는 장소이기도 하다. 현대사회에서는 대표적 종교시설의 하나인 석굴을 조성하는 기반 지형으로 이용되기도 한다.

2-7-1. 경기 남양주시 별내면 불암산
2-7-2. 불암산
2-7-3. 경기 의정부시 호암동 사패산 사과바위 주변
2-7-4. 경북 포항시 북구 송라면 중산리 내연산 보경사계곡

2-7-7. 서울 종로구 무악동 인왕산 석굴암   2-7-8. 인왕산 암자터

08 능선 陵線 ridge

산지에서 일정한 방향으로 길게 이어지는 가장 높은 부분이다. 산등성이라고도 한다. 능선 중에서도 가장 높은 곳을 산정 또는 산봉우리, 낮은 부분을 고개 혹은 안부(鞍部)라고 한다. 하나의 산지에 여러 개의 산봉우리가 발달해 있을 때 봉우리들은 능선을 따라 분포하는 것이 보통이다. 능선을 확대한 개념이 산맥이다. 능선이 하나의 산지를 구성하는 요소라면 산맥은 여러 산이 횡적인 집합체를 이루고 있는 것이라고 할 수 있다. 능선이나 산맥은 대개 크고 작은 분수계를 이룬다. 산지가 많은 우리나라에서는 능선이 접미사로 쓰여 하나의 지명으로 굳어진 경우가 많다. 설악산의 공룡능선, 도봉산의 포대능선, 북한산의 칼바위능선 등이 대표적인 예다. 암석적으로 보면 화강암산지는 능선이 비교적 날카로우면서 경사가 급하고 편마암산지는 밋밋하고 완만한 경향성을 보인다.

화강암 능선

2-8-1. 경기 양주시 도봉산 포대능선
2-8-2. 강원도 고성군 토성면 설악산 상봉–신선봉능선 (촬영: 박승열)

2-8-3. 강원 속초시 설악동 설악산 공룡능선

2-8-4. 경기 고양시 덕양구 북한동 북한산 의상능선
2-8-5. 경기 고양시 효자동 북한산 숨은벽능선 (촬영: 이희춘)

2-8-6. 강원 평창군 진부면 동대산

2-8-7. 전남 구례군 산동면 지리산 서북능선(성삼재~만복대 조망)

2-8-8. 충북 단양군 소백산 연화봉 (출처: 네이버 블로그 '바람따라 산에 가자')

2-8-9. 경남 함양군 황석산 (촬영: 성우기)

2-8-10. 전남 구례군 토지면 지리산 노고단

퇴적암(역질사암) 능선

화성암(석영안산암 및 안산반암) 능선

2-8-12. 울산 울주군 상북면 신불산 공룡능선 칼바위 (촬영: 윤경택)

2-8-13. 광주시 동구 용연동 무등산 중봉 (촬영: 김대승)

2-8-14. 광주시 북구 금곡동 무등산 백마능선 (촬영: 함정윤)

09 고개 pass

　능선 중 오목하게 들어간 얕은 부분이다. 일반적으로 사용하는 지명 중에서 재, 령, 현, 치, 티 등의 접미사가 붙는 것은 모두 고개에 해당한다. 한자식 표현으로 안부(鞍部)라는 용어도 있지만 생활 속에서는 거의 쓰이지 않는다. 둘을 구분하자면 고개가 사람의 발길이 이어지는 인문학적 개념에 가깝다면 안부는 순수한 지형학적 의미라고 할 수 있다. 영어로는 col이라고도 한다. 습곡운동 등에 의해 구조적으로 발달하기도 하고 산지의 차별침식으로 형성되기도 한다. 고개는 대개 분수계를 이루며 양쪽 사면으로는 크고 작은 계곡이 발달하는 경우가 많다. 고개는 예부터 주요 교통로나 군사요충지로 이용되어 왔다.

2-9-1. 강원도 평창군 대관령면 대관령
태백산맥을 넘어가는 대표적인 고개 중 하나다. 사진 오른쪽(위쪽)이 강릉 방향, 왼쪽(아래쪽)이 평창 방향이다. 우리가 흔히 사용하는 영동, 영서는 바로 이 고개를 기준으로 만들어진 지리적 개념이다.

2-9-2. 대관령

2-9-3. 강원 평창군 대관령면 진고개   2-9-4. 진고개

사진 오른쪽이 강릉 방향, 왼쪽이 평창 방향이다. 고개 정상에 진고개정상휴게소가 자리한다.

2-9-5. 전북 남원시 지리산 정령치

지리산과 북쪽의 덕유산을 연결하는 능선부에 위치한 고
개다. 지리산 노고단으로 오르는 관문 중 하나다. 사진 왼
쪽이 노고단 방향, 오른쪽이 남원시내 방향이다.

2-9-6. 정령치

2-9-7. 충북 단양군 보발재
단양군 가곡면 보발리와 영춘면 백자리를 이어 주는 고개다. 사진 위쪽이 영춘 방
향, 아래쪽이 단양 방향이다. 고개 정상은 사진 아래에 위치한다.

2-9-8. 보발재
사진 위쪽이 단양 방향, 아래쪽이 영춘 방향이다. 고개 정상은 사진 위쪽에 위치
하고 여기에 보발재 전망대가 있다.

2-9-9. 강원도 원주시 신림면 치악재   2-9-10. 치악재
사진 위쪽이 원주시 판부면, 아래쪽이 신림면 방향이다. 보통 큰 고개를 경계로 군이나 시행정구역이
나누어지는데 이곳 치악재는 특이하게도 고개 너머까지도 원주시권역이 이어진다.

2-9-11. 강원도 인제군 북면 용대리 미시령 (촬영: 박승열)
태백산맥을 넘어가는 고개 중 하나다. 왼쪽이 속초, 오른쪽이 인제 방향이다. 사진 왼쪽 중앙에 울산바위가 보인다. 미시령을 경계로 남쪽을 설악, 북쪽을 북설악이라고도 한다. 이 사진은 북설악에서 설악을 바라보며 찍은 풍경이다.

2-9-12. 미시령
속초쪽에서 미시령을 올려다본 경관이다.

2-9-13. 강원도 정선군 임계면 가목리 백복령
정선군에서 동해시와 강릉시를 이어 주는 고개다. 사진 왼쪽이 동해시와 강릉시, 오른쪽이 정선군 쪽이다.

2-9-14. 원도 홍천군 내면 계방산 운두령 (촬영: 오승현)
행정적으로는 평창군 용평면과의 경계에 위치한다. 해발 1089m의 고개로 자동차가 다니는 고개로는 남한에서 만항재(1330m, 정선과 태백을 연결하는 고개) 다음으로 높다. 31번 국도가 지난다.

2-9-15. 운두령 (촬영: 오승현)

2-9-16. 경북 문경시 문경읍 상초리 조령
조령은 행정적으로는 경북 문경과 충북 괴산의 경계를 이루고 지형적으로는 주흘산 마패봉(925m)과 조령산(1026m) 사이 해발 642m에 위치해 있다. 조령을 넘는 새재옛길은 한국의 아름다운 길 100선에 들어 있다. 조령 정상에는 문경 조령관문 중 제3관문이 설치되어 있다.

2-9-17. 조령

2-9-18. 충북 보은군 속리산면 장재리 속리산 말티재

장재리와 갈목리를 연결하는 고개다. 고려 태조 왕건이 법주사를 찾아가기 위해 만든 도로로 알려져 있다. 지금은 터널이 뚫려 법주사 길이 훨씬 쉬워졌지만 여행자들은 굳이 이 험한 길을 오르내린다.

2-9-19. 말티재

2-9-20. 충북 영동군 추풍령면 추풍령 (촬영: 권홍식)

해발 221m로 높이가 낮고 경사도 완만한 고개다. 행정구역상으로는 추풍령면과 경북 김천시 봉산면의 경계부에 위치한다. 경부고속도로가 지나며 우리나라 최초 고속도로휴게소가 들어선 곳이기도 하다. 사진은 해발 743m의 눌의산 정상에서 내려다본 풍경이다.

제3장

평야지형

01 분지 盆地 basin

연속적인 산지로 둘러싸인 원형 혹은 타원형의 오목한 땅이다. 주로 차별침식, 단층작용, 화산작용, 운석충돌 등에 의해 형성된다. 차별침식에 의한 것은 침식분지, 단층 및 화산작용과 관련된 것은 구조분지, 운석충돌에 의한 것은 운석분지(운석충돌구)로 정의한다. 우리나라의 침식분지는 대부분 침식분지다. 울릉도 나리분지는 화산활동과 관련된 유일한 구조분지인데 이 같은 화산성 분지는 칼데라 분지라고 한다. 침식분지의 경우 침식에 약한 화강암과 상대적으로 강한 편마암의 상대적 차별침식에 의해 주로 발달하지만 예외인 경우도 적지 않다. 침식분지의 경우 큰 하천의 중·상류 지역에 집중 분포한다. 합천 초계분지는 연구 초기에는 침식분지로 인식되었으나 최근에는 운석충돌과 관련하여 발달한 것으로 밝혀졌다.

침식분지

3-1-1. 강원도 양구군 해안면 해안분지
을지전망대에서 내려다본 해안분지 풍경이다. 우리나라 침식분지 중 가장 규모가 크고 형태가 뚜렷한 분지다.

3-1-2. 강원도 춘천시 춘천분지
남쪽 국도변에서 북쪽을 바라본 경관이다.

3-1-3. 서울시 서울분지
남산에서 수락산과 불암산 쪽을 바라본 분지경관이다. 사진 뒤쪽으로 침식 잔존지형인 구릉지도 몇몇 보인다.

구조분지

3-1-4. 경상북도 울릉군 나리분지
화산활동에 의해 만들어진 것으로 화산지형 관점에서는 칼데라 분지에 해당된다.

운석분지

3-1-5. 경상남도 합천군 초계분지 (촬영: 김석용)
공식 명칭은 합천운석충돌구이다. 행정상으로 초계면과 적성면에 걸쳐 분
포하기 때문에 초계−적성분지 혹은 적성−초계분지 등으로도 불린다.

3-1-6. 초계분지

02 선상지 扇狀地 alluvial fan

산록에 사력물질이 두껍게 부채꼴 모양으로 쌓인 완경사 지형이다. 단층작용이나 기후변화 등으로 인해 산지토양의 침식 조건이 급격히 바뀌는 경우 산지로부터 다량의 사력물질이 하천에 의해 저지대로 이동, 퇴적되어 형성된다. 성인에 따라 단층 선상지, 기후 선상지 등으로 구분된다. 선상지가 여럿 합쳐진 것을 복합선상지라고 하는데 이는 산록완사면과 비슷한 평면 형태를 보인다. 주로 단층이나 단층선이 존재하는 구조곡 일대에서 많이 관찰된다. 평야가 부족한 우리나라의 경우 대규모 선상지는 산록완사면과 함께 경지나 취락 입지에 활용되고 있다.

3-2-1. 경상남도 사천시 용현면-대포동-남양동 사천선상지
사천대교 쪽에서 와룡산을 바라본 경관이다.

3-2-2. 사천선상지
와룡산에서 사천대교 쪽을 바라본 경관이다.

3-2-3. 전라남도 구례군 마산면 갑산리 구례선상지
구례읍에서 화엄사 쪽을 바라본 경관이다.

3-2-4. 강원도 강릉시 구정면 금광리 금광평
선상지
동해고속도로에서 동해 쪽을 바라본 경관이다.

3-2-5. 경상북도 경주시 동천동 경주선상지
경주시 북쪽에서 남쪽을 바라본 경관이다.

O3 산록완사면 山麓緩斜面 piedmont

산록에 발달한 완경사의 사면이다. 산지의 풍화층이 삭박이나 침식작용을 받아 제거되면서 형성된다. 우리나라의 경우 침식분지와 그 배후산지를 연결하는 경계 지대에 주로 분포한다. 산록완사면은 그 평면 형태가 복합선상지와 비슷해서 둘을 구분하기 어려운 경우가 많다. 그러나 근본적으로 산록완사면은 풍화물질이 침식(삭박)된 지형이고 선상지는 퇴적물질이 쌓인 지형이라는 점에서 그 성인은 분명히 다르다.

3-3-1. 강원도 양구군 해안면 해안분지

3-3-2. 경상남도 합천군 초계면 초계분지

3-3-3. 충청북도 제천시 모산동
의림지에서 북쪽을 바라본 경관이다. 사진 오른쪽 산록완사면 상부에 세명대학교 캠퍼스가 있다.

04 평야 平野 plain

　해발고도가 낮고 사면경사가 5도 이하로 극히 완만한 평탄지형이다. 침식 및 퇴적 그리고 둘의 복합 작용으로 발달한다. 성인에 따라 침식평야와 충적평야로 나뉘고 충적평야는 다시 그 발달 장소에 따라 하곡평야, 해안충적평야 등으로 구분된다. 침식평야는 주로 화강암 지역에 발달하고 충적평야는 특별한 암석과 관련이 없다. 남서부 및 중부내륙 지역에는 침식평야, 해안지역으로는 충적평야가 분포한다. 삼각주도 넓은 의미에서는 해안충적평야라고 할 수 있는데 낙동강하구의 삼각주를 기반으로 형성된 김해평야가 그 대표적인 예다. 화산지형인 용암대지와 용암삼각주 역시 넓은 의미에서는 평야지형에 해당된다.

3-4-1. 강원도 철원군 철원평야
소이산 전망대에서 북쪽을 바라본 경관이다.

3-4-2. 경기도 김포시 김포평야
1980년대 촬영한 사진으로 지금은 이곳에 김포 신도시가 들어서 있다.

3-4-3. 경기도 여주시 세종대왕면 여주평야
3-4-4. 경상북도 영덕군 고래불해안

3-4-5. 전라북도 김제시 김제평야

만경강과 동진강 유역에 발달한 충적평야지만 국지적으로는 침식평야에 해당되는 지역도 포함된다. 행정구역상으로는 김제를 중심으로 정읍, 부안, 완주 등지에 걸쳐 분포한다. 지형적 특징을 살려 김제에서는 김제지평선축제가 열린다.

3-4-6. 충청남도 예산군 삽교읍 내포평야

제4장

하천지형

01 포트홀 pothole

　하천의 암석 평탄면에 발달한 바위구멍이다. 돌개구멍이라고도 한다. 하천 유수에 포함된 모래나 자갈이 회전성 혹은 유수성 와류에 의해 바위 표면을 지속적으로 마모시켜 만들어진다. 크게 둥근 형태의 항아리형과 길쭉한 형태의 퍼로형(fullows)으로 구분된다. 항아리형은 전형적인 회전성 와류에 의해, 퍼로형은 주로 유수성 와류에 의해 만들어진다. 서로 이웃한 항아리형이 결합되면 퍼로형이 만들어지기도 한다. 입자가 균질하고 단단한 사암이나 화강암류에서 잘 발달하고 간혹 편마암에서도 관찰된다. 대부분 유속이 빠른 하천 상류의 구간에 분포한다. 항아리바위, 요강바위, 단지바위 등으로 불리는 것들은 대부분 포트홀들이다.

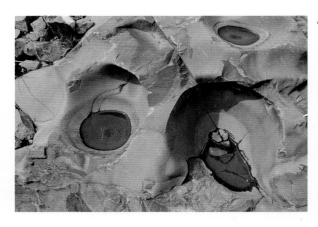

4-1-1. 강원도 강릉시 왕산면 대기리 송천계곡

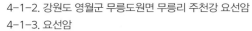

4-1-2. 강원도 영월군 무릉도원면 무릉리 주천강 요선암
4-1-3. 요선암

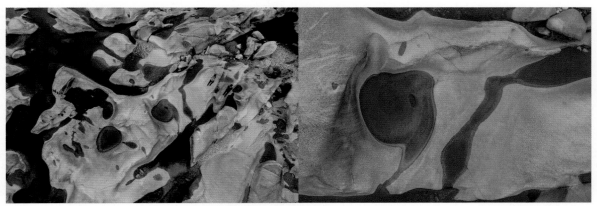

4-1-4. 경상남도 함양군 안의면 상원리 용추계곡
4-1-5. 경기도 가평군 북면 도대리 가평천 장사바위
4-1-6. 경기도 가평군 상면 정사리 가평천 항아리바위

4-1-7. 강원도 영월군 주천면 도촌리 단지바위
4-1-8. 단지바위
4-1-9. 경상북도 청송군 안덕면 고와리 길안천 백석탄

4-1-10. 울산시 울주군 삼남면 교동리 작괘천 작천정유원지
4-1-11. 작천정유원지
4-1-12. 충청북도 괴산군 청천면 관평리 괴산선유동계곡

4-1-13. 전라북도 순창군 동계면 어치리 내룡마을 섬진강 장군목 유원지 요강바위 (출처: 네이버 블로그 '주졸벗기의 일상여행')
4-1-14. 요강바위 (출처: 네이버 블로그 '주졸벗기의 일상여행')

02 하식동 河蝕洞 river cave

　풍화 및 유수침식으로 하천 측면 암벽에 발달한 동굴이다. 영어로는 corrasional cave라고도 하는데 이는 특히 성인으로서 '마식작용'을 강조한 것이다. 유수의 침식력이 증폭되는 감입곡류의 공격사면이나 폭호 주변에서 잘 형성된다. 하식동으로 불리는 것 중에는 일반적인 동굴처럼 깊게 파인 것은 드물고 대개 얕고 오목한 형태인 것이 대부분이다. 이들은 일종의 하식와(河蝕窪)라고 할 수 있다.

4-2-1. 강원도 양구군 방산면 고방산리 두타연
여름이면 사진 왼쪽에 폭포가 형성된다. 폭포수의 와류는 폭포 주변에 하식동굴을 발달시키는 주요한 요인이 된다.

4-2-2. 강원도 태백시 구문소동 구문소
구문소는 관통된 하식동굴이다. 이 동굴 속으로 하천이 흐른다. 지하에서 일어나는 석회암 용식작용이 지표 위에서 일어나는 것이다. 석회동굴발달 메커니즘을 눈으로 직접 확인할 수 있는 곳이다.
4-2-3. 경기도 연천군 연천읍 고문리 재인폭포

4-2-4. 경기도 포천시 영북면 대화산리 비둘기낭폭포

이 일대는 현무암지대라 웬만큼 비가 오지 않으면 폭포수가 떨어지지 않는다. 그러나 여름 장마철에는 제법 규모가 큰 폭포가 형성되는데 이 폭포수의 와류가 절벽 아래쪽으로 동굴을 만들었다.

4-2-5. 제주도 서귀포시 상효동 원앙폭포

평상시는 사진에서처럼 폭포가 보잘것없지만 폭우가 쏟아지는 여름철에는 폭포 수량이 크게 늘어나면서 폭포 주변에 대규모 하식동굴을 만들게 된다.

4-2-6. 경상북도 포항시 북구 송라면 중산리 내연산 관음폭포

관음폭포는 내연산 12폭포 중 하나다. 폭포와 관련해서 만들어진 하식동굴 중 가장 규모도 크고 그 수가 상당히 많은 것이 특징이다.

4-2-7. 관음폭포

03 폭포 瀑布 water fall

하천을 가로지르는 급경사의 암반에서 떨어지는 물줄기이다. 기반암 및 지질구조에 따른 차별침식, 하도(河道)의 변화, 파식작용과 해수면 변화 등 다양한 성인이 복합적으로 작용하여 발달한다. 하도변화를 일으키는 요인으로는 감입곡류절단, 하천쟁탈, 화산지대의 용암댐 형성 등이 있다. 폭포수의 원천이 하천 바닥이나 절벽에서 솟아나는 지하수인 경우는 지하수 폭포라고 해서 따로 구분하기도 한다. 암석적으로는 대부분 화강암이나 화산암과 같은 화성암지대에 발달한다. 특히 화강암은 지표상에 노출된 후에는 단단한 암반 형태를 그대로 유지하기 때문에 폭포 형성에 유리하다. 화강암의 구조적 특징인 판상절리, 박리 등도 폭포 발달을 돕는다.

4-3-1. 강원도 동해시 삼화동 무릉계곡 용추폭포 상단폭포
용추폭포는 상단폭포와 하단폭포로 이루어져 있다. 상단폭포는 하단폭포에서 다시 3분 정도 걸어 올라가면 나온다.

4-3-2. 강원도 삼척시 도계읍 심포리 통리협곡 미인폭포
오십천 최상류 협곡지대에 발달한 폭포다. 전형적인 두부침식을 보여 준다.

4-3-3. 강원도 철원군 갈말읍 신철원리 삼부연폭포
폭포 상부 쪽에 가마솥을 닮은 세 개의 웅덩이, 즉 포트홀이 있어 붙여진 이름이다.

4-3-4. 강원도 철원군 동송읍 장흥리 직탕폭포

화강암 기반의 하천인 한탄강에 용암이 흘러들어 주상절리가 발달하면서 그 부분에 직탕폭포가 만들어졌다. 폭포를 경계로 상류는 현무암, 하류는 화강암 하상으로 되어 있다.

4-3-5. 경기도 연천군 연천읍 고문리 재인폭포

현무암 지대에 형성된 폭포이기 때문에 비가 많이 올 때만 폭포가 형성된다. 성인상으로는 '용암호(용암댐)'와 관련해서 만들어진 폭포로 분류한다. 용암호는 큰 하천을 따라 흘러내리던 용암이 그 지류하천의 오목한 부분으로 밀려들어 와 부분적으로 용암이 굳어진 곳을 말한다. 재인폭포는 용암호를 따라 흐르는 지류하천이 한탄강 본류와 만나는 경계면에서 발달하기 시작했고 이후 계속 두부침식에 의해 폭포가 후퇴하면서 현재의 위치에 이르게 된 것이다.

4-3-6. 경기도 포천시 영북면 대화산리 비둘기낭폭포

현무암 대지상에 발달한 폭포이므로 평상시에는 말라 있다가 비가 많이 올 때만 폭포수를 감상할 수 있다. 그러나 폭포 하류 쪽 협곡지대에서는 규모는 작지만 강수와 관계없는 지하수 폭포가 관찰된다.

4-3-7. 비둘기낭폭포

사진 뒤쪽의 비둘기낭폭포는 갈수기에 마르지만 그 아래 현무암 협곡에서는 절벽 틈으로 물이 흘러나오면서 일종의 지하수 폭포가 형성된다.

4-3-8. 경상북도 영덕군 지품면 신안리 용추폭포
곡류하도의 절단으로 만들어진 폭포다. 왼쪽으로는 원래부터 흐르던 곡류하도가 고리모양의 구하도로 남아 있고 오른쪽 곡류목의 절단부를 따라 물길이 바뀌면서 그 부분에 폭포가 형성되어 있다.

4-3-9. 경상북도 울릉군 울릉읍 저동리 봉래폭포
봉래폭포는 3단폭포다. 이는 폭포의 기반암이 조면암, 응회암 등 다양한 암석으로 구성된 것과 관계가 있다.

4-3-10. 경상북도 포항시 북구 송라면 중산리 내연산 연산폭포
관음폭포, 상생폭포와 함께 내연산 12폭포를 대표하는 3대 폭포로 꼽는다. 관음폭포 바로 위에 있어 상폭이라고도 부른다.

4-3-11. 전라북도 남원시 주천면 덕치리 구룡폭포
운봉고원에서의 하천쟁탈로 만들어진 폭포다. 운봉고원은 낙동강과 섬진강이 발원하는 곳이다. 이곳에서 낙동강 상류인 주춘천과 섬진강 상류인 원천천이 서로 쟁탈을 일으켜 주춘천으로 흐르던 물은 원천천으로만 흐르게 되었고 그 과정에서 원천천 상류에 구룡폭포가 만들어졌다.

4-3-12. 제주도 서귀포시 강정동 엉또폭포
대부분 제주도 폭포처럼 평상시에는 폭포수가 말라 있다가 비가 많이 오면 일시적으로 폭포가 형성된다.

4-3-13. 제주도 서귀포시 중문동 정방폭포
정방폭포는 이웃한 소정방폭포와 함께 폭포수가 직접 바다로 떨어지는 폭포다.

4-3-14. 제주도 서귀포시 중문동 천제연폭포
천제연폭포는 상·중·하 3단으로 나뉘는데 이 중 중·하단 폭포가 지하수 폭포다. 폭포수의 물은 상단폭포와 중단폭포 사이 하천 바닥에서 솟아 나온다. 상단폭포는 말라 있지만 중·하단폭포에는 시원한 폭포수가 떨어지는 이유다. 사진은 상단 및 중단폭포 경관이다.

4-3-15. 충청북도 충주시 살미면 토계리 팔봉폭포
인위적인 곡류절단에 의해 발달한 폭포다. 사진의 오른쪽을 따라 큰 고리 모양으로 곡류하천이 흐르고 있었는데 그 부분을 농경지로 개간하기 위해 곡류목을 인위적으로 절단함으로써 물길이 바뀌었다.

4-3-16. 아이슬란드 골든서클 굴포스 폭포
단층에 의해 하도 경사와 유로가 급격히 변하면서 발달한 폭포다.

4-3-17. 미국 캘리포니아 요세미티 국립공원 요세미티폭포
겨울철에 쌓인 눈이 봄철에 녹으면서 형성된 융설수폭포다. 봄이 지나면 폭포수는 사라지고 '마른 폭포'로 남게 된다.

04 폭호 瀑壺 plunge pool

폭포 아래쪽에 형성된 물웅덩이다. 폭포수가 떨어질 때 생기는 낙차 에너지의 침식작용으로 발달한다. 폭호에서는 물이 원추상으로 운동하는데 이 힘이 지속적으로 폭호를 확대시켜 간다. 크게 암반 폭호와 자갈 폭호로 구분할 수 있다. 그러나 암반 폭호 중에는 포트홀과 구분이 잘 되지 않는 경우가 많다. 자갈 폭호는 폭포와 관계없이 곡류하천의 공격사면에 형성되기도 한다. 보통 ~소, ~탕이라는 이름으로 불리는 지형들은 대부분 폭호에 해당된다.

4-4-1. 강원도 동해시 삼화동 무릉계곡 용추폭포 하단
4-4-2. 경기도 포천시 영북면 운천리 부소천 가마솥폭포

4-4-3. 강원도 인제군 북면 용대리 설악산 용탕폭포 (출처: 네이버 블로그 '단이의 일주일산')
폭호 모양이 복숭아처럼 생겼다고 해서 복숭아탕이라고도 불린다. 이 복숭아탕은 폭호와 포트홀이 복합된 형태다.

4-4-4. 경상남도 밀양시 산내면 삼양리 호박소

4-4-5. 경상남도 함양군 안의면 상원리 용추계곡

4-4-6. 경상북도 포항시 북구 송라면 중산리 연산폭포

4-4-7. 전라북도 남원시 주천면 덕치리 구룡폭포

| 1 | 2 |
| 3 | 4 |

4-4-8. 제주도 서귀포시 중문동 천제연폭포(중단폭포)

4-4-9. 제주도 서귀포시 천지동 천제연폭포

05 소 沼 pool

하천 하상에 유수의 차별침식으로 발달한 깊은 물웅덩이다. 유속이 전체적으로 빠른 하천 상류 구간에서 주로 형성되며 국지적으로 유속이 빨라지는 곡류하천의 공격면(cut bank), 폭포 혹은 급류구간 아래의 하상에서 잘 발달한다. 소는 좁은 의미에서는 곡류 구간의 공격면에 발달한 경우를 지칭하지만 넓은 의미에서는 폭포 아래에 발달하는 폭호 등을 포함하는 보다 포괄적 개념으로 쓰이기도 한다.

4-5-1. 강원도 태백시 구문소동 황지천 구문소

구문소는 구무소에서 비롯된 지명이다. '구무'는 구멍(동굴)을 의미한다. 이곳은 황지천이 흐르면서 만들어진 전형적인 '관통 하식동'이고 그 아래에 커다란 물웅덩이 즉 소가 형성되어 있는 것이다.

4-5-2. 경상북도 경주시 석장동 형산강 금장대

금장대는 형산강과 그 지류인 알천이 만나는 곳에 위치한 하식애 위에 자리한다. 이 절벽지대 아래에 깊은 소가 형성되어 있다.

4-5-3. 제주도 서귀포시 강정동 강정천 냇길이소
강정천은 여느 제주 하천처럼 비가 올 때만 흐르는 건천이다. 그러나 폭우가 한번 쏟아지면 엄청난 양의 물과 에너지가 발생하기 때문에 이러한 대규모 소가 만들어진다. 현재 소에 고여 있는 물은 땅속에서 공급되는 용천수다.

4-5-4. 제주도 서귀포시 하효동 효돈천 쇠소깍
효돈천은 전형적인 건천이다. 쇠소깍은 '마을 끝(깍)에 있는 소(쇠牛) 모양의 연못(소沼)'이라는 의미다. 효돈천의 옛이름도 쇠돈천이었다. 쇠소깍은 상·하 두 단의 소로 이루어져 있다. 이 중 우리가 알고 있는 쇠소깍은 하단부의 소를 말하지만 현재는 그 위쪽의 상단부에 또 하나의 소가 만들어지고 있다. 쇠소깍은 땅속에서 솟아나는 용천으로 인해 늘 물이 가득 고여 있고 하단부는 바다와 연결되어 있어 바닷물이 드나들기도 한다.

4-5-5. 쇠소깍
하천 상부에 또 다른 형태의 소가 만들어지고 있다.

06 하식애 河蝕崖 river cliff

    풍화 및 하천의 침식작용으로 발달한 계곡사면의 절벽이다. 주로 하천 유수의 측방침식과 하방침식이 복합되어 발달한다. 이러한 침식은 대부분 곡류하도의 공격사면에서 전형적으로 일어나지만 여러 구조적 요인으로 협곡지대가 개석되는 곳에서는 곡류하도와 관계없이 형성되기도 한다. 대개 곡류하도에 발달하는 하식애는 비대칭형, 협곡지대의 것은 대칭형이 된다. 지역적으로는 감입곡류가 잘 나타나는 큰 하천 중·상류 구간, 단층지대, 현무암용암대지 등에 집중 분포한다.

4-6-1. 강원도 영월군 북면 문곡리
천연기념물 '영월 문곡리 건열구조 및 스트로마톨라이트'가 보존된 절벽지대다.
4-6-2. 강원도 횡성군 안흥면 안흥리 주천강 삼형제바위

4-6-3. 경기도 연천군 전곡읍 은대리 왕림교 부근

차탄천이 흐르면서 용암대지가 개석되어 협곡지형이 만들어졌다.

4-6-4. 경기도 포천시 영북면 운천리 한탄강 멍우리협곡　　　　4-6-5. 경상북도 경주시 석장동 형산강 금장대

4-6-6. 경상북도 안동시 풍천면 하회리 하회마을 낙동강 부용대

4-6-7. 경상북도 청송군 안덕면 신성리 길안천 방호정감입곡류

1	2
3	

4-6-8. 전라남도 화순군 이서면 월산리 창랑천 화순적벽

옹성산 서쪽사면, 동복호안 약 7km 구간에 걸쳐 형성된 거대한 병풍 모양의 절벽지대다. 동복호는 동복천에 동복댐이 만들어지면서 형성된 호수다. 화순적벽은 노루목, 보산, 물염, 창랑 등 몇 개의 적벽으로 다시 구분된다. 사진 뒤쪽이 노루목적벽, 앞 오른쪽이 보산적벽이다.

4-6-9. 창랑천 창랑적벽

4-9-10. 충청북도 단양군 대강면 사인암리 사인암

07 협곡 峽谷 canyon

하천 양쪽 사면이 급경사의 절벽으로 이루어진 좁고 깊은 계곡이다. 지반이 융기한 퇴적암 고원지대 또는 골짜기에 용암이 흘러와 매적된 용암대지에서 빠르게 하방침식이 부활되면서 발달한다. 퇴적암의 수평층리구조, 화산암의 주상절리구조도 협곡을 만드는 데 주요한 요인으로 작용한다. 협곡의 상류부에는 두부침식이 진행되면서 폭포가 발달하는 경우가 많다. 협곡지대는 지형발달 작용이 가장 활발히 진행되는 '젊은 지형'인데 지형윤회론을 주창한 지형학자 데이비스는 이러한 지형을 유년기 지형이라 불렀다.

4-7-1. 강원도 삼척시 도계읍 심포리 통리협곡
행정구역은 삼척시에 속하지만 거리상으로는 태백시 통리(현재 통동)와 더 가까워 통리협곡이라 불리고 있다. 협곡 최상류에 미인폭포가 있다.

4-7-2. 경기도 연천군 연천읍 고문리 재인폭포협곡

한탄강 본류에서 재인폭포에 이르는 구간이다. 재인폭포는 한탄강 본류로 흘러드는 작은 지류에 의해 두부침식이 진행되어 조금씩 후퇴하면서 현재의 위치에 이르렀고 그 뒤쪽으로 이러한 긴 협곡을 만들었다. 포천 비둘기낭폭포, 부소천 가마솥폭포의 협곡도 이와 같은 메커니즘으로 발달했다.

4-7-3. 경기도 포천군 관인면 냉정리 현무암협곡

현무암용암대지를 개석한 협곡으로 우리나라 대표적인 협곡지형이다.

4-7-4. 경기도 포천군 관인면 냉정리 대교천현무암협곡

한탄강의 지류 중 하나인 대교천을 따라 약 1.5km의 협곡이 발달했다. 행정구역상 포천으로 표기하지만 정확히 말하자면 포천과 철원의 경계지역이다. 하천 바닥이나 절벽이 모두 현무암인 것이 특징이다. 천연기념물로 지정되어 있다.

4-7-5. 경기도 포천군 영북면 대화산리 비둘기낭폭포협곡

비둘기낭폭포를 등지고 한탄강 본류 쪽을 바라본 경관이다. 이전에는 폭포에서 협곡을 따라 한탄강까지 걸어갈 수 있었으나 지금은 출입이 통제되고 있다.

4-7-6. 경기도 포천군 영북면 운천리 부소천 가마솥폭포협곡
협곡 최상부 즉 사진 뒤쪽에 가마솥폭포가 숨어 있다.

4-7-7. 제주도 서귀포시 하효동 효돈천 쇠소깍협곡
우리나라에서 유일하게 바다로 연결되는 협곡지대다.

08 감입곡류 嵌入曲流 incised meander

　　깊은 골짜기를 이루면서 크게 구부러져 흐르는 하천이다. 일반적으로 자유곡류를 계승한 곡류, 지질구조를 반영한 곡류로 구분된다. 자유곡류를 계승한 감입곡류는 평야지역을 흐르던 자유곡류하천이 지반의 융기 후 강력한 하방침식이 진행되어 발달한 것이다. 지질구조를 반영한 감입곡류는 하천 주변에 존재하는 국지적인 절리나 단층을 따라 하천이 차별적인 침식을 일으켜 만들어진다. 자유곡류를 계승한 감입곡류는 한반도가 태백산맥을 중심으로 크게 융기되었음을 보여 주는 좋은 증거가 된다. 감입곡류 구간에서는 하방침식과 함께 측방침식도 진행되는데 그 결과 곡류가 절단되면 우각호, 구하도 등의 유물지형이 만들어진다.

4-8-1. 강원도 영월군 영월읍 방절리 서강 선돌 관광지
서강은 남한강 상류 중 주천강과 평창강이 만난 하천이 영월에서 동강과 합류하기 전까지의 구간을 말한다. 서강과 동강이 만나면 비로소 남한강이 된다. 사진 앞쪽 절벽지대가 바로 선돌이 있는 곳이다. 선돌 절벽은 감입곡류 구간의 공격사면에 해당된다.

4-8-4. 경상북도 안동시 풍천면 하회리 낙동강 하회마을
4-8-5. 하회마을

4-8-2. 강원도 영월군 한반도면 옹정리 선암마을 평창강 한반도지형
4-8-3. 한반도지형

4-8-6. 강원도 정선군 정선읍 북실리 동강 병방치(병방산 전망대)
병방치에서 바라본 감입곡류 경관이다. 병방치는 감입곡류 공격사면 절벽 위를 지나는 고개다. 그 자리에 스카이워크 전망대가 설치되어 있어 감입곡류 절경을 감상할 수 있고 또 한쪽에서는 짚와이어를 즐길 수도 있다. 사진 오른쪽 뒤 멀리로는 감입곡류의 절단에 의한 구하도 경관도 어렴풋이 보인다.

4-8-7. 경상북도 예천군 용궁면 향석리 내성천 회룡포

4-8-8. 충청북도 충주시 살미면 토계리 달천 수주팔봉

사진 앞쪽 왼편에 이 지역 명소인 팔봉폭포가 있다. 팔봉폭포 쪽이 감입곡류의 공격사면이고 그 맞은편 모래와 자갈이 퇴적된 곳이 포인트바다. 이곳은 최근 차박 여행지로 유명세를 타고 있는 곳이다. 수주팔봉은 팔봉폭포가 있는 암석능선부에 8개의 암봉이 있다고 해서 붙여진 이름이다.

4-8-9. 경상북도 청송군 안덕면 신성리 길안천 신성계곡

4-8-10. 전라남도 화순군 이서면 월산리 동복천 동복호 화순적벽

화순적벽은 전형적인 하식애 경관이다. 이는 몇 개의 적벽들로 이루어져 있는데 사진 앞쪽에서 뒤로 가면서 물염적벽, 창랑적벽, 보산적벽, 노루목적벽이 이어진다.

4-8-11. 충청북도 옥천군 군북면 추소리 서화천 대청호 부소담악

서화천은 원래 금강의 가장 큰 지류였으나 대청호가 만들어진 후에는 호수의 일부가 되었고 그 물길을 통해 감입곡류의 흔적만 찾아볼 수 있는 상황이다. 부소담악은 부수머니라는 마을 이름에서 비롯되었다. 부수머니는 풍수지리적으로 물이 휘돌아나가는 곳에 자리한 명당이라는 뜻이다. 이러한 지형을 풍수적으로 연화부수형 혹은 태극형이라고 한다.

4-8-12. 강원 정선군 신동읍 덕천리 동강

사진 아래쪽에서 곡류가 절단되고 있는 모습을 볼 수 있다.

세계의 지형 **감입곡류**

4-8-13. 남미 페루 마추픽추 우루밤바 계곡

09 망류하도 網流河道 braided channel

하천에서 유수가 그물 모양으로 여러 갈래로 갈라져 흐르는 구간이다. 망류하천(braided stream)이라고도 하는데 하나의 하천 전체가 망류를 이루는 경우는 거의 없고 일정 구간에서 나타나는 현상이기 때문에 망류하도로 부르는 것이 바람직하다. 우리나라에서 망류하도가 가장 잘 발달한 하천은 낙동강이다. 낙동강 중에서도 상류 구간인 내성천 그리고 하류 구간인 낙동강 삼각주 일대에서 주로 관찰된다. 망류하도는 유량에 비해 상대적으로 토사 운반량이 많고 강폭이 넓어 수심이 얕은 경우에 잘 발달한다. 하천에서 하나의 유로로 흐르다가 몇 가닥으로 갈라지는 현상을 분류(分流, distributary)라고 한다. 분류가 일어날 때 그 가운데 부분은 일시적 하중도로 존재하는데 계절에 따른 유량의 차이로 인해 분류와 하중도의 모양은 수시로 변하게 된다. 그러나 하중도에 식생이 정착하기 시작하면 유로는 더 이상 변하지 않으며 점차 퇴적하중도로 바뀌면서 하천습지가 발달하게 된다. 이렇게 유로가 고정되어 있으면서 그 모양이 망류를 이루는 것은 분합류하도(안정망류하도, anastomosing channel)라고 해서 구분한다.

4-9-1. 경상북도 영주시 문수면 수도리 내성천 무섬마을
무섬마을의 랜드마크는 외나무다리다. 하천 유량에 비해 퇴적량이 많고 강폭이 넓어 수심이 얕기 때문에 가능한 구조물이다. 무섬마을은 망류하도뿐만 아니라 모래톱, 하중도, 감입곡류, 포인트바, 하도습지 등 다양한 하천지형을 관찰할 수 있는 장소다. 특정 구간에서는 분합류하도가 발달하기 시작하는 모습도 볼 수 있다.

4-9-2. 무섬마을

4-9-3. 무섬마을

망류하도라는 이름은 이러한 평면 형태로부터 비롯되었다. 영어명 braided는 '머리를 땋은'이라는 뜻인데 이를 한자로 옮길 때 '그물'이라는 개념으로 바뀐 것이다.

4-9-4. 무섬마을

4-9-5. 무섬마을

4-9-6. 무섬마을

4-9-7. 무섬마을

부분적으로 분합류하도가 발달하기 시작하는 모습도 관찰된다.

10 구하도 舊河道 old river channel

　과거의 하천이 흐르던 물길 흔적이다. 보통 곡류하천의 측방침식에 의해 곡류가 절단되어 발달하지만 드물게 인공적으로 형성되는 경우도 있다. 평야지역의 자유곡류 구하도, 산간지역의 감입곡류 구하도로 구분되는데 우리나라의 경우에는 감입곡류 구하도가 대부분이다. 주로 감입곡류가 다수 발달한 큰 하천 중·상류지역에 분포한다. 곡류하천에서 곡류절단이 일어나면 일차적으로 우각호가 형성되고 더 시간이 흐르면 우각호는 우각습지를 거쳐 구하도로 남게 된다. 우각호는 소의 뿔처럼 생긴 호수라는 의미다. 구하도는 대부분 농경지로 이용된다. 구하도로 둘러싸인 중심부에는 곡류절단으로 인해 만들어진 고립구릉이 존재하는데 이를 곡류핵(曲流核, meander core)이라고 한다.

4-10-1. 강원도 영월군 영월읍 방절리 서강
우리나라 대표 구하도로 알려진 곳이다. 한동안 농경지로 이용되었으나 지금은 습지생태공원으로 바뀌었다. 그러나 구하도 한가운데로 고속국도가 개통되어 원래 모습은 크게 훼손된 상태다. 원래 서강은 오른쪽에서 왼쪽으로 흘렀다. 사진 뒤쪽 곡류가 절단된 부분에 이곳 명소인 청령포가 있다.

4-10-2. 강원도 태백시 구문소동 구문소 황지천
원래 황지천은 오른쪽에서 왼쪽으로 흘러 돌아나왔다. 오른쪽 가운데
에 곡류가 절단된 구문소가 있다. 이곳에서 황지천은 사진 아래 오른
쪽에서 흘러드는 철암천과 만난다.

4-10-3. 경상북도 영덕군 지품면 신안리 용추폭포
원래 하천은 오른쪽에서 위쪽으로 돌아 왼쪽으로 빠져나갔다.

4-10-4. 충청북도 충주시 살미면 토계리 달천
원래 달천의 지류인 오가천은 아래에서 왼쪽으로 돌아 다시 오른쪽으
로 빠져나와 달천으로 흘러들었다. 이곳은 농경지확보를 위해 인공적
으로 곡류를 절단하여 구하도가 형성된 대표적인 곳이다. 사진 아래쪽
에 팔봉폭포가 자리하고 있다.

4-10-5. 충청북도 제천시 봉양읍 구학리 제천천 탁사정
원래 제천천은 위에서 왼쪽 아래로 흘러들어 오른쪽으로 다시 빠져나
갔다. 오른쪽 뒤 곡류절단 구간에 탁사정이 있다.

4-10-6. 충청북도 영동군 황간면 원
촌리 초강천 월류봉
초강천은 오른쪽에서 왼쪽으로 흐른다.

11 우각호 牛角湖 oxbow lake

구하도 구간에 만들어진 소뿔 모양의 호수다. 곡류하천의 절단으로 원래의 하천이 더 이상 흐르지 않으면 그 자리에 우각호가 발달한다. 곡류절단의 원인에 따라 자연 우각호와 인공 우각호로 구분된다. 한반도는 지형 발달의 역사가 오래되어 대부분의 우각호가 구하도로 변한 상태다. 현재 전형적인 우각호는 전라북도 익산 석탄동의 것이 유일하다. 이는 일제 강점기에 만경평야의 농경지 정리를 위해 만경강의 직강공사가 진행되면서 만들어진 것이다. 우각호는 시간이 지나면 우각습지를 거쳐 구하도로 남게 된다.

4-11-1. 전라북도 익산시 석탄동 만경강
4-11-2. 석탄동
4-11-3. 석탄동

12 포인트바 point bar

유속이 느려지는 하천의 곡류구간에 모래나 자갈이 퇴적된 완만한 경사의 지형이다. 보호사면 혹은 활주사면등으로도 불린다. 구성 물질에 따라 모래 포인트바, 자갈 포인트바, 사력 포인트바 등으로 구분되지만 실제로 순수한 자갈로만 된 포인트바는 거의 관찰되지 않는다. 모래 포인트바는 주로 화강암 산지, 자갈 및 사력 포인트바는 비화강암 지역에서 잘 발달한다. 하천의 수량이 감소하면 포인트바에 식생이 자라기 시작하고 이어 빠르게 육지화가 진행된다. 우리나라에서 이러한 포인트바는 주로 농경지로 활용되었고 규모가 큰 경우에는 배후에 마을이 들어서기도 했다.

1	2
3	

4-12-1. 강원도 영월군 한반도면 옹정리 평창강 선암마을
한반도지형으로 널리 알려진 곳으로 사진 위쪽에 선암마을이 있다. 이 마을이 들어선 곳은 하안단구지형에 해당된다. 마을 앞의 작은 포인트바는 선착장으로 활용된다.
4-12-2. 강원도 정선군 정선읍 북실리 동강 병방치
4-12-3. 경상북도 안동시 풍천면 하회리 낙동강 하회마을

4-12-4. 하회마을
4-12-5. 충청북도 단양군 영춘면 상리 남한강
4-12-6. 경상북도 예천군 용궁면 향석리 내성천 회룡포마을

4-12-7. 경상북도 청송군 안덕면 신성리 길안천
4-12-8. 충청북도 충주시 살미면 토계리 달천 수주팔봉
4-12-9. 강원도 정선군 신동읍 덕천리 동강

13 모래톱 shoal

하천의 물 위로 드러난 모래나 자갈의 퇴적더미다. 구성 물질에 따라 모래톱(sand bar), 자갈톱(gravel bar), 사력톱(sand-gravel bar) 등으로 구분하기도 한다. 화강암 산지를 흐르는 큰 하천의 중하류 구간에 집중적으로 분포하지만 국지적으로는 부분적으로 유속이 느려지는 상류 지역의 병목 구간에서도 나타난다. 모래톱은 하천의 유량 조절, 수질 정화 기능을 가지고 있는 것으로 알려져 있다. 모래톱은 원래 하천지형의 하나로 취급되어 왔지만 지금은 해안에 발달하는 경우까지도 포함시켜 넓은 개념으로 사용하는 경향이 있다. 충청남도 태안 내파수도에 발달한 천연기념물(511호) '태안 내파수도 해안 자갈톱'이 좋은 예이다. 그러나 이 자갈톱은 간조에만 드러나고 만조에는 잠기므로 간조자갈톱이라고 해야 정확한 표현일 것이다. 일부 자료에서는 이를 역취(礫嘴)로 소개하기도 한다. 그러나 현재로서는 자갈톱이라는 용어가 더 적절한 것 같다.

4-13-1. 경상북도 안동시 풍천면 하회리 낙동강 하회마을
전형적인 모래톱이다. 모래톱은 물길에 따라 쉽게 이동되기 때문에 그 형태가 수시로 바뀐다.
4-13-2. 경상북도 영주시 내성천 무섬마을
4-13-3. 무섬마을

4-13-6. 경상북도 예천군 지보면 지보리 낙동강

4-13-4. 경상북도 예천군 용궁면 향석리 내성천 회룡포마을
4-13-5. 전라남도 화순군 이서면 월산리 동복천 동복호 청량적벽
모래와 자갈이 섞여 있는 일종의 사력톱이라고 할 수 있다.

4-13-7. 충청남도 태안군 안면읍 승언리 내파수도 해안 자갈톱 (출처: 태안군청)
지역주민들은 '구석(球石)천연방파제'라 부른다.

4-13-8. 내파수도 해안 자갈톱 (출처: 태안군청)

14 하중도 河中島 river island

하천 가운데 고립된 섬이다. 성인에 따라 ① 침식 하중도, ② 퇴적 하중도, ③ 침수 하중도 등으로 구분한다. 초기에는 퇴적 하중도에 한해 하중도라는 용어를 사용했지만 지금은 포괄적 개념으로 쓰인다. 침식 하중도는 대부분 감입곡류 구간에서의 측방침식에 곡류부가 부분적으로 절단되어 만들어진다. 곡류 절단으로 우각호와 구하도가 발달하는 과정에서 그 초기에 가운데 남는 섬도 일종의 하중도라고 할 수 있다. 이러한 형태의 하중도는 시간이 지나면 구하도 쪽으로는 더 이상 물이 흐르지 않기 때문에 섬이라고 할 수 없고 그 대신 곡류핵이라는 용어를 사용한다. 퇴적 하중도는 우리나라 하천에서 가장 많이 볼 수 있는 하중도다. 침식 하중도든 퇴적 하중도든 이러한 하중도 중에는 홍수기에는 고립된 섬처럼 보이지만 갈수기에는 육지로 연결되는 경우가 많다. 이들은 댐 건설 이후 호수가 만들어지면 갈수기와 관계 없이 완전히 고립된 섬으로 남아 있게 되는데 이것이 침수 하중도다. 침식 하중도는 하천 상류지역, 퇴적 하중도는 하류지역, 침수 하중도는 댐 건설로 만들어진 인공호수 지역 등에 분포한다. 하중도 중 규모가 크고 활용도가 높은 것은 대부분 특정 지명이 붙여져 있다. 서울시 한강의 여의도와 밤섬, 부산 낙동강의 을숙도, 춘천 북한강의 남이섬과 중도(상중도, 하중도), 가평 북한강의 자라섬, 남양주 진접읍 왕숙천의 밤섬유원지, 단양 남한강의 도담삼봉 등이 대표적인 예이다. 서울시 한강의 난지도, 잠실(잠실도), 팔당물안개공원(귀여섬), 미사리조정경기도장 등은 원래 하중도였던 땅을 다양한 용도로 개발한 곳이다. 대구 금호강에는 지명 자체가 '하중도'인 곳도 있다.

4-14-1. 강원도 영월군 영월읍 삼옥리 동강 번재마을 둥글바위(자연암)
현재 감입곡류의 곡류절단이 진행되고 있는 곳이다. 이러한 곡류를 생육곡류라고 한다. 곡류절단에 의해 침식하중도가 만들어졌고 동시에 원래의 포인트바 지형이 고립된 퇴적하중도로 바뀌었다.

4-14-2. 강원도 춘천시 남산면 방하리 북한강 남이섬

대개의 하천은 행정구역의 경계가 되고 그 경계선은 특별한 사유가 없는 한 강 한가운데를 지난다. 그러나 하중도가 존재할 경우 경계선은 그 어느 쪽으로든 휘어져 설정하게 된다. 사진 앞쪽의 남이섬은 강 오른쪽의 춘천시에 포함되어 있고 사진 뒤쪽의 또 다른 하중도인 자라섬은 왼쪽의 가평군에 속해 있다.

4-14-3. 경기도 광주시 남종면 우천리 팔당호 소내섬

팔당호가 만들어지기 전 이 일대는 수심이 얕아 바지를 걷고 건너던 소내가 흘렀던 곳이라고 한다. 광주 남종면 우천리 소내 한가운데 자리했던 소내섬은 당시 갈수기에는 뭍으로 연결되었지만 팔당댐 건설 이후로는 고립된 침수하중도로 남아 있다.

4-14-4. 충청북도 단양군 매포읍 하괴리 남한강 도담삼봉

도담삼봉은 침식하중도인 동시에 충주댐 건설과 관련된 침수하중도
다. 남한강 본류와 그 지류인 매포천이 만나는 두물머리에 위치한다.
도담삼봉의 암질은 석회암이니 카르스트지 지형 관점에서 보면 카렌
(라피에)에 해당된다고 할 수 있다. 카렌은 석회암이 용식작용을 받으
며 풍화될 때 더 단단한 부분이 기둥모양으로 남아 있는 지형이다.

4-14-5. 도담삼봉

사진 왼쪽이 남한강 본류이고 오른쪽 다리 밑으로 흘러드는 것이 남
한강의 지류 중 하나인 매포천이다. 섬으로 떨어져 나오기 전에는 사
진 뒤쪽 하식애의 일부였을 것으로 추정된다.

4-14-6. 경상북도 안동시 풍천면 하회리 낙동
강 하회마을

하회마을 맞은편 부용대 아래에 물길을 따라 모
래가 퇴적되어 길쭉한 모양의 작은 하중도가 만
들어졌다.

15 천정천 天井川 ceiling river

하천 바닥이 주변 평지보다 높아진 하천이다. 하천 상류로부터 운반된 모래나 자갈이 하천 바닥에 지속적으로 쌓여 만들어진다. 범람을 방지하기 위해 제방을 쌓으면 강바닥에 퇴적물이 쌓이기 때문에 천정천 발달이 더 가속화되기도 한다. 다량의 퇴적물이 공급되는 화강암 산지를 흐르는 하천에서 잘 발달하는데 주로 산지에서 바로 평지로 이어지는 작은 하천들에서 국지적으로 관찰된다. 하나의 하천 전 구간이 천정천인 경우는 거의 없고 지형 조건에 따라 특정 구간에서만 천정천 현상이 나타난다. 따라서 어떤 하천을 지칭할 때는 천정천이라는 말보다는 천정천 구간이라고 표현하는 것이 바람직하다. 천정천 구간 주변은 쉽게 범람하므로 범람원과 하천습지가 넓게 발달한다.

1	2
3	

4-15-1. 강원도 철원근 동송읍 양지리
4-15-2. 경기도 화성시 서신면 궁평리
4-15-3. 경상남도 합천군 합천읍 황강 도진습지
황강의 경우 큰 하천으로서는 드물게 합천읍 하류를 중심으로 국지적인 천정천 구간이 형성되어 있다.

16 암석하상 岩石河床 rock riverbed

　하천 바닥이 기반암으로 되어 있는 하천이다. 하천의 유속이 빠르거나 경사가 급한 곳에서 침식이 강하게 작용하여 발달한다. 암석적으로는 주로 화강암이나 화산암과 관련되어 형성된다. 화강암 지역에서는 판상절리와 같은 구조적 특징이 암석하상을 결정짓는 요인이 된다. 하천의 중상류 구간, 감입곡류의 공격사면 구간에 주로 분포하는데 화산분출지역이면서 하천 길이가 짧은 경우에는 중하류 구간에서도 관찰된다. 하상은 하천의 물이 흐르는 하도(河道)의 기본적 구성요소다. 하상은 유속의 빠르고 느림에 따라 침식하상과 퇴적하상으로 구분된다. 침식하상은 대부분 암석하상으로 되어 있고 퇴적하상은 다시 자갈하상, 모래하상, 점토하상 등으로 구분된다. 그러나 2가지 이상의 퇴적물이 섞여 있는 혼합하상인 경우도 적지 않다.

화강암 암석하상

	1
2	3

4-16-1. 강원도 동해시 삼화동 무릉계곡
4-16-2. 강원도 인제군 기린면 북리 내린천
4-16-3. 경기도 의정부시 수락산 석림사계곡

4-16-4. 울산시 울주군 삼남면 교동리 작괘천 작천정

4-16-5. 강원도 철원군 한탄강 직탕폭포
4-16-6. 경기도 포천시 영북면 운천리 부소천 가마솥폭포

4-16-7. 제주도 서귀포시 중문동 중문천 천제연 천제교 부근
4-16-8. 경기도 포천시 영북면 자일리 한탄강 화적연

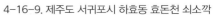
4-16-9. 제주도 서귀포시 하효동 효돈천 쇠소깍

응회암
암석하상

4-16-10. 경기도 연천군 전곡읍 신답리 한탄강 좌상바위

사암
암석하상

4-16-11. 경상북도 청송군 안덕면 고와리 길안천 백석탄

17 자갈하상 자갈河床 gravel riverbed

　　지름 2mm 이상의 자갈이 퇴적된 하천 바닥이다. 주로 비화강암질 암석 지역에서 잘 발달한다. 자갈은 대부분 암석의 물리적 풍화에 의해 형성되는데 화강암은 화학적풍화에는 약하지만 물리적풍화에는 매우 강해서 기반암이 자갈 형태로 쪼개지지 않는다. 화강암 지역에서도 국지적으로는 땅속의 '핵석자갈'이 노출되어 자갈하상이 만들어지는 경우가 있지만 흔하지는 않다. 자갈하상은 하천 중상류, 감입곡류구간의 포인트바 지역을 중심으로 분포한다. 자갈하상이라도 대개 암석하상이나 모래하상과 혼합된 것이 보통이다. 한 장소에서도 한쪽은 모래가 다른 한쪽은 자갈이 쌓여 있는 경우도 있는데 이는 크기가 다른 물질의 분급작용(sorting)에 따른 것이다. 자갈은 모래처럼 먼 곳으로부터 이동되어 온 것이 아니라 대개 주변의 배후산지로부터 공급된 것이므로 자갈하상을 관찰해 보면 주변 기반암의 지질을 어느 정도 추정할 수 있다.

화강암 자갈하상

4-17-1. 강원도 강릉시 연곡면 삼산리 소금강계곡
4-17-2. 강원도 인제군 홍천강

현무암 자갈하상

4-17-3. 경기도 연천군 연천읍 고문리 재인폭포 협곡
4-17-4. 경기도 포천시 영북면 운천리 한탄강 멍우리협곡
4-17-5. 멍우리협곡
4-17-6. 제주도 서귀포시 남원읍 신례리 신례천 한라산 둘레길(수악길)

퇴적암 자갈하상

4-17-7. 강원도 정선군 정선읍 봉양리 조양강
천연기념물인 '정선 봉양리 쥐라기역암'으로 되어 있다.

18 모래하상 모래河床 sand riverbed

　모래로 구성된 하천 바닥이다. 주로 화강암 산지를 흐르는 하천의 중하류, 곡류하천의 포인트바 구간에 발달한다. 모래하상을 구성하는 모래는 끊임없이 침식되어 하류로 제거되고 또 그만큼의 모래가 상류에서 공급됨으로써 균형을 이룬다. 그러나 어떤 요인에 의해서든 이 균형이 깨어지면 모래하상은 자갈하상이나 암석하상으로 바뀌게 된다. 이러한 모래하상의 환경변화는 수질을 떨어뜨리고 하천 생태계를 교란하는 근본적인 원인이 된다.

1	2
3	

4-18-1. 경상북도 안동시 풍천면 하회리 낙동강 하회마을
4-18-2. 경상북도 예천군 지보면 지보리 낙동강
4-18-3. 경상북도 예천군 용궁면 향석리 내성천 회룡포마을

19 점토하상 粘土河床 mud riverbed

    직경 0.062mm 이하의 세립물질이 퇴적된 하천 바닥이다. 퇴적학에서는 0.062mm~0.002mm를 실트, 0.002mm 이하인 것을 점토로 세분하지만 지형학에서는 보통 이 둘을 합쳐 점토로 취급한다. 점토가 70% 이상 섞인 흙을 개흙, 펄 등으로 부르는데 이와 관련하여 점토하상은 개흙하상, 펄하상으로도 불린다. 하천의 유속이 느려지고 거의 움직임이 없으면 점토가 퇴적된다. 점토는 기본적으로 하천에서 공급되지만 강 하류에서는 바다로부터 유입되기도 한다. 점토는 너무 가벼워 쉽게 가라앉지 않지만 일단 퇴적된 후에는 입자끼리 강하게 결합되어 쉽게 분리되지 않는다. 한강처럼 밀물과 썰물 때 바닷물이 강으로 밀려 들어왔다 나가기를 반복하는 감조하천의 하류 구간에서 주로 발달한다.

4-19-1. 서울시 한강 하류 장항습지
점토하상과 관련하여 만들어진 넓은 하천습지다.
4-19-2. 장항습지
4-19-3. 장항습지

20　여울 riffle

　수심이 얕고 물살이 빠른 하천 구간이다. 여울목이라고도 한다. 여울 구간의 하천 바닥에는 주로 자갈이 깔려 있다. 하천 경사가 급하고 폭이 좁아지는 곳, 감입곡류하천에서 곡류와 곡류의 경계부에 잘 발달한다. 여울은 하천 생태계에서 매우 중요한 역할을 한다. 여울의 자갈 위를 빠르게 흐르는 물은 다량의 산소를 발생시키기 때문에 많은 수중 생명체가 살아가고 있고 여기에는 자연스럽게 물고기들이 많이 모여든다. 여울 중에서도 특히 물살이 빨라서 하얗게 물보라가 이는 곳을 살여울이라고 한다. 원주 흥양천의 '살여울 마을'은 바로 그런 곳에 자리한 곳이다. 충청북도 충주시 동량면의 포탄리(浦灘里)는 순우리말로 풀어 보면 '개여울'이 된다. 포탄리 개여울은 충주호가 생기면서 자취를 감추었다.

4-20-1. 강원도 원주시 소초면 흥양리 흥양천 살여울
치악산에서 흘러내리는 흥양천은 살여울 마을 근처에서 갑자기 곡폭이 좁아지고 경사가 급해지면서 여울 형태로 흐르게 된다.

4-20-3. 강원도 인제군 홍천강

4-20-2. 경기도 포천시 영북면 운천리 한탄강 멍우리협곡
4-20-4. 충청북도 단양군 영춘면 하리 남한강

21 우곡침식 雨谷浸蝕 gully erosion

빗방울에 의해 지표가 침식되는 현상이다. 우열(雨裂)이라고도 한다. 우곡이 광범위하게 확산되면 악지(惡地, badland)가 발달한다. 연약한 지반 위로 떨어지는 빗방울의 충격으로 인해 토양이 소실되면서 형성되는데 크게는 세류(릴, rill)와 우곡(걸리, gully)으로 구분한다. 세류는 우곡의 초기 형태로 가느다란 실 모양인 데 비해 우곡은 V자 형태의 골짜기 모양을 갖춘 것이다. 학자에 따라서는 이 둘을 별개의 침식 형태로 취급하기도 하지만 통상 '빗방울'에 의한 하나의 메커니즘으로 보는 것이 일반적이다. 화강암이 풍화된 새프롤라이트, 아직 단단하게 굳지 않은 제3기 퇴적암층, 식생이 제거된 연약한 토양층 등에서 잘 형성된다. 지역적으로는 하천의 최상류, 식생이 없는 민둥산 지역에 주로 분포한다. 여름철 폭우가 쏟아질 때 맑던 하천물이 갑자기 황토물로 바뀌는 것은 하천 상류에서 우곡침식이 진행되기 때문이다. 우곡침식은 일시적 현상이기는 하지만 장시간 이어지면 두부침식으로 진행되기도 한다. 두부침식은 하천의 상류 쪽으로 진행되는 침식을 말한다. 지표면으로 떨어지는 하나의 빗방울은 세류침식→우곡침식→두부침식을 통해 궁극적으로 새로운 하천을 만들어 내거나 기존 하천의 길이를 상류 쪽으로 확장해 간다.

4-21-1. 강원도 평창군
전체적으로 세류침식이 진행되고 있고 사진 앞쪽 즉 세류침식 하류에는 우곡침식도 일부 관찰된다.

4-21-2. 강원도 평창군
이러한 우곡이 주변으로 확대되면 이 일대는 결국 악지가 된다.

4-21-3. 매화산

4-21-4. 강원도 홍천군 홍천읍 매화산

4-21-5. 경기도 하남시 고골계곡

세계의 지형
우곡침식

4-21-6. 아이슬란드 링로드 해안

22 두부침식 頭部浸蝕 headward erosion

하천의 상류 쪽으로 진행되는 침식이다. 역행침식이라고도 한다. 대부분의 폭포는 두부침식이 진행되는 현장이다. 평행상태에 달해 있던 평야지역이 융기하거나 해수면이 하강하면 침식기준면(해수면)도 동시에 하강하면서 다시 활발하게 하방침식이 진행되고 이로 인해 두부침식이 시작된다. 국지적으로 용암이 흘러 계곡에 매적되면서 용암호가 만들어지는 경우에도 같은 효과가 나타난다. 두부침식을 '하천의 길이를 늘려가는 현상'이라고 설명하는 경우가 있는데 이는 50%만 맞는 말이다. 하천의 길이가 길어지는 현상은 하천 하류 쪽에서도 나타나기 때문이다. 즉 해수면이 하강하면 자연히 하천 하구 쪽에 새로운 육지가 만들어지고 하천은 이 부분으로 하천이 길게 연장된다. 이러한 하천을 연장하천이라고 한다. 이후 다시 해수면이 상승하면 연장되었던 하천은 바닷물 속으로 잠기게 되고 그 흔적만 바닷속에 남는다.

4-22-1. 경기도 포천시 관인면 중리 교동가마소
4-22-2. 경기도 포천시 영북면 대화산리 비둘기낭폭포
비둘기낭폭포 자체가 두부침식 현장이지만 이곳에서는 그 상류부에서 사진과 같은 또 다른 두부침식을 관찰할 수 있다. 왼쪽이 두부침식이 진행된 작은 협곡이고 오른쪽이 아직 두부침식이 진행되지 않은 하천상류부다. 사진 왼쪽으로 계속 내려가면 비둘기낭폭포가 나온다.
4-22-3. 경기도 포천시 영북면 운천리 부소천 가마솥폭포
부소천은 한탄강의 작은 지류 중 하나다. 폭포 아래쪽으로는 전형적인 부소천 협곡이 한탄강 본류까지 이어진다. 이는 한탄강 본류로 흘러드는 부소천에 의해 두부침식이 진행되어 이곳 가마솥폭포까지 이르렀음을 의미한다. 지금도 폭포 상류쪽으로 두부침식이 진행되고 있다는 이야기다.

23 하천쟁탈 河川爭奪 river capture

하나의 분수계를 경계로 서로 다른 방향으로 흐르던 하천 중 침식력이 강한 하천이 빠르게 두부침식을 일으키며 다른 하천의 상류부를 침범함으로써 유로를 연장시키는 것을 말한다. 하천쟁탈이 일어나면 쟁탈한 하천의 수량은 급격히 늘어나고 상대적으로 쟁탈당한 하천의 수량은 그만큼 급격히 줄어들거나 물이 더 이상 흐르지 않는 건천으로 남기도 한다. 하천쟁탈은 보통 급경사를 흐르는 하천과 완경사를 흐르는 하천 사이에서 일어나는 현상이므로 하천쟁탈이 진행된 현장에는 폭포가 발달하는 경우가 많다.

4-23-1. 강원도 삼척시 도계읍 심포리 통리협곡 미인폭포

미인폭포 상류 구간에서는 낙동강 수계인 철암천과 오십천이 서로 다른 방향으로 흐르고 있었다. 그러다 오십천이 두부침식에 의해 철암천을 쟁탈하게 되었고 이후 철암천 상류부의 물은 오십천으로 흘러들게 되었다. 그 현장이 바로 지금 미인폭포다. 사진 중앙에 오십천 상류의 미인폭포가 있다.

4-23-2. 미인폭포 상류 구간

4-23-3. 미인폭포

과거에는 철암천이 사진 뒤쪽으로 흘렀다. 오십천 통리협곡과는 달리 평탄한 계곡이 발달했다.

4-23-4. 전라북도 남원시 주천면 덕치리 운봉고원 구룡폭포

운봉고원에서는 섬진강 수계(요천)인 원천천과 낙동강 수계(람천)인 주춘천이 서로 다른 방향으로 흐르고 있었고 그 사이에 있는 구룡폭포의 물은 주춘천 쪽으로 흘러들었다. 그러다 원천천이 두부침식에 의해 주춘천의 물길을 빼앗는 하천쟁탈이 일어났고 그 후 구룡폭포의 물은 원천천으로 바뀌어 흐르게 된 것이다. 사진 아래 중앙을 분수계로 하여 앞쪽에서는 원천천이, 위쪽에서는 주춘천이 각기 다른 방향으로 흐른다.

4-23-5. 구룡폭포

폭포를 경계로 아래쪽은 협곡, 위쪽은 고원 평탄지가 펼쳐진다.

4-23-6. 운봉고원과 구룡폭포

사진 앞쪽에 구룡폭포가 있다. 이 폭포의 물은 원래 사진 위쪽으로 흐르는 주춘천에 흘러들었지만 원천천이 주춘천을 하천쟁탈한 이후부터는 원천천의 수계에 속하게 되었다.

4-23-7. 전라북도 장수군 장수읍 수분리 수분치

수분치에서는 섬진강 수계인 교동천과 금강 수계인 수분천이 서로 다른 방향으로 흐르고 있었다. 그러다 교동천이 수분천을 하천쟁탈하게 되었고 이후 수분천 상류 구간의 물은 교동천으로 흘러들게 되었다. 이런 경우 하천 상류부의 유로 형태가 거의 직각으로 구부러지는 경우가 나타나는데 이를 '쟁탈팔꿈치(elbow of capture)'라고 한다. 수분치휴게소 일대가 바로 이 쟁탈팔꿈치에 해당되는 곳이다. 사진 아래 중앙의 '수분치 휴게소'를 경계로 해서 왼쪽으로는 교동천이, 오른쪽으로는 수분천이 각각 다른 방향으로 흘렀었다. 그러나 교동천이 수분천을 하천쟁탈한 후에는 수분천의 물은 교동천에 빼앗겨 그 상류 구간은 건천이 되었다.

4-23-8. 수분치

사진 앞쪽에서 왼쪽으로는 교동천이, 위쪽에서 오른쪽으로는 수분천이 흐른다.

4-23-9. 수분치

교동천과 수분천의 분수계 역할을 하던 곳에 수분치 휴게소가 들어서 있다. 휴게소 오른쪽 작은 계곡의 물은 원래 수분천 상류였으나 지금은 교동천 상류가 되었다.

24 하안단구 河岸段丘 river terrace

　과거의 하상이 현재의 하상보다 높은 곳에 위치하는 계단 모양의 평탄면이다. 하성단구라고도 한다. 지반의 융기, 해수면 하강, 기후변화 등에 의해 침식기준면이 하강하고 하방침식이 부활하면서 만들어진다. 성인에 따라 구조단구, 해면변동단구, 기후단구 등으로 구분한다. 퇴적물 유무에 의해 기반암이 드러나 있는 침식단구, 모래나 자갈이 퇴적된 퇴적단구로 구분하기도 하지만 침식면 위에 두껍게 퇴적물이 쌓인 경우가 많아 그 구분이 명쾌하지는 않다. 하천 전 구간에서 발달하지만 전형적인 것은 주로 큰 하천 중상류지역에서 관찰된다. 평지가 적은 우리나라 산간 지역에서 하안단구는 주로 농경지, 교통로, 주거지 등으로 이용되어 왔기 때문에 원래의 모습을 유지하고 있는 경우가 매우 드물다. 이러한 경우 퇴적물 속에 들어 있는 둥근자갈이나 모래 등의 존재 여부에 의해 판단하게 된다. 하안단구는 고위평탄면, 감입곡류와 함께 한반도 지형이 융기했음을 보여 주는 대표적인 증거 지형으로 간주된다.

4-24-1. 강원도 영월군 영월읍 방절리 서강 선돌관광지

4-24-2. 강원도 영월군 한반도면 옹정리 평창강 선암마을

4-24-3. 경기도 연천군 미산면 동이리 석은소 임진강

4-24-4. 충청북도 단양군 영춘면 상리 남한강
영춘 하안단구는 우리나라 하안단구 연구가 시작된 곳 중 하나로 하안단구의 전형적인 모습을 갖추고 있다. 단구면이 워낙 넓고 평탄해서 영춘
면이라고 하는 하나의 행정단위가 들어서 있을 정도다. 포인트바를 기준으로 인공제방 너머 오른쪽 사면을 따라 올라가면서 저위, 중위, 고위 등
모두 3단의 단구면이 차례로 나타난다. 각각의 상대적 비고는 20m, 40m, 60m 정도다. 이는 적어도 세 차례의 해수면 변동 혹은 지반의 융기가
있었음을 의미한다.

**4-24-5. 충청북도 제천시 봉양읍 구
학리 제천천 탁사정**
이곳은 감입곡류절단에 의한 구하도와
관련해서 하안단구가 나타나는 독특한
사례지역이다.

25 호소 湖沼 lake

바다와 격리된 육지부의 오목한 와지에 물이 고여 있는 지형이다. 일상적으로는 호소라는 용어보다는 호수로 통칭해서 쓰기도 한다. 호소 내부로는 크고 작은 하천이 흘러들고 바깥으로 빠져나가지만, 기후나 지형적 조건에 따라 물이 완전히 정체되어 있거나 건기에는 마르고 우기에만 고이는 호소도 있다. 호소는 형성 원인, 수심, 염분 농도 등에 따라 몇 가지 유형으로 나누어진다. ① 형성 원인에 따라서는 크게 자연호소와 인공호소로 나뉜다. 우리나라의 호소는 백두산 천지나 한라산 백록담과 같은 일부 화산성 호소를 제외하고는 대부분 인공호소이다. ② 수심에 의해서는 가장 깊은 곳의 수심 5m를 기준으로 그 이상을 호수(湖水), 이하를 소(沼, 습지)로 구분한다. 수심 5m는 수생식물이 서식할 수 있느냐 없느냐를 나누는 기준이 된다. 흔히 저수지, 연못, 지(池), 제(堤), 담(潭), 늪 등으로 부르는 것은 대부분 습지를 가리킨다. 그러나 우리가 일상적으로 호수로 부르는 곳 중에 실제로는 습지인 곳도 있고 반대로 저수지 중에서도 호수인 곳도 있다. ③ 물의 염분 농도에 따라서는 염도 0.05%(0.5‰, 500ppm)를 기준으로 그 이상을 염호(함수호), 이하를 담수호로 나누며 담수와 염수가 섞여 있는 것은 기수호(汽水湖)라고 해서 따로 구분한다. 염도 0.05%는 물 1kg당 500mg의 염분이 들어 있다는 의미인데 이는 인간이 섭취할 수 있는 음료수의 소금 함량 한계가 된다. 바닷물의 평균 농도는 3.5%(35‰, 35000ppm)이니 우리가 마실 수 있는 기준의 70배나 짜다는 이야기이다.

호

4-25-1. 강원도 고성군 화진포호
(출처: 한국관광공사)

4-25-4. 강원도 춘천시 소양호

4-25-5. 경상북도 경주시 보덕동 덕동호(앞)와 보문호(뒤)

4-25-6. 경기도 포천시 영북면 산정리 산정호수

4-25-7. 충청남도 대전시 대청호
(출처:한국관광공사)

4-25-8. 충청남도 예산군 응봉면 예당저수지

4-25-9. 충청북도 제천시 모산동 의림지
4-25-10. 경상북도 청송군 주왕산면 주산지리 주산지

못

4-25-11. 강원도 태백시 황지못
(출처: 한국관광공사)

담

4-25-12. 제주도 한라산 백록담
(출처: 한국관광공사)

늪

4-25-13. 경상남도 창녕군 유어면
대대리 우포늪

제5장

습지지형

01 산지습지 山地濕地 mountain wetland

내륙 지역의 산지에 발달한 습지이다. 습지가 형성되는 장소에 따라 사면습지, 분지습지, 돌리네습지 등으로 구분한다. 과거에는 산지습지를 고산습지와 저산습지로 구분했지만 그 경계와 기준이 모호해서 지금은 거의 사용되지 않는다. 화산지역의 기생화산(오름) 분화구에 발달한 습지도 일종의 산지습지에 포함할 수 있다. 이 경우는 분지습지에 해당한다. 산지습지는 습지지형 중에서도 희귀한 사례로 인식하는 경향이 있는데 이는 습지 발달이 용이한 하천이나 호소와 관계없이 형성된 습지이기 때문이다.

5-1-1. 강원도 인제군 서화면 서흥리 대암산 용늪 (촬영: 백현수)
해발 1200m 산정상부 고위평탄면 지역에 발달한 습지다. 천연기념물(246호)로 지정되었고 창녕 우포늪과 함께 우리나라 최초로 람사르 협약에 등록되었다.

5-1-2. 용늪 (촬영: 백현수)

5-1-3. 경상북도 문경시 산북면 우곡리 문경돌리 네습지

오랫동안 농경지로 이용되던 돌리네 내부의 경작지들을 '묵논'화하면서 습지 복원에 힘쓰고 있다. 원래 카르스트 지형에서 돌리네는 물이 빠지기 쉬운 장소로 습지가 형성되기 어려운 곳이므로 이곳 문경돌리 네습지는 더욱 가치 있는 것으로 평가되고 있다.

5-1-4. 울산시 울주군 웅촌면 은현리 울주무제치늪

해발 750m의 정족산 정상부에 자리한 습지다. 현재 발견된 산지습지 중에서는 대암산 용늪 다음으로 규모가 큰 것으로 알려져 있다. 행정구역상으로는 정확히 울산과 경상남도 양산의 경계부에 위치한다.

5-1-5. 울주무제치늪

5-1-6. 제주도 제주시 조천읍 선흘리 선흘곶자왈 동백동산습지

곶자왈은 크고 작은 용암 덩어리와 나무, 덩굴식물 등이 어우러진 곳이다. 제주도의 여러 곶자왈 중 선흘곶자왈에는 먼물깍 등 50여 개의 습지가 있고 이들을 묶어 동백동산습지라고 한다.

5-1-7. 동백동산습지 먼물깍

5-1-8. 제주도 한라산 백록담 (출처: 한국관광공사)

백록담은 화산지형 관점에서는 화구호에 해당된다.

5-1-9. 제주도 서귀포시 남원읍 수망리 물영아리오름

오름은 대부분 물이 잘 빠지는 부석이 쌓인 것이므로 분화구에 습지가 형성되기
어렵다. 그러나 제주의 오름 중에서는 화산재가 바닥에 쌓여 있거나 오랜 시간
식생의 유기물이 퇴적되어 습지화한 경우가 종종 발견된다.

5-1-10. 물영아리오름

5-1-11. 제주도 서귀포시 색달동
1100고지습지

한라산 중산간지대 사면상에 발달
한 습지다. 사면이라고는 하지만 크
고 작은 오름에 의해 둘러싸여 오목
한 분지 형태를 띤 곳에 습지가 형
성되어 있다.

5-1-12. 1100고지습지

02 하천습지 河川濕地 river wetland

　하천의 유수작용과 관련하여 발달한 습지이다. 호소습지를 따로 구분하기도 하지만 크게는 하천습지에 포함한다. 하천의 퇴적과 유량 감소, 범람 등에 의해 발달한다. 습지의 위치에 따라 하도습지, 배후습지(범람원), 구하도습지 등으로 구분한다. 곡류 절단에 의해 구하도가 생길 경우 우각호에서 구하도로 넘어가는 과정에 형성되는 습지를 우각습지라고 해서 따로 구분하기도 한다. 대규모 하천습지는 주로 낙동강 중하류 구간에 분포하지만 소규모 습지들은 하천이 흐르는 곳이면 어느 곳에서나 관찰된다. 우리나라에서 가장 대표적인 하천습지는 배후습지 즉 범람원이다. 그러나 범람원은 개간을 통해 농경지나 주택지로 전환된 경우가 많기 때문에 특별한 경우를 제외하고는 자연 상태의 습지가 남아 있는 경우는 매우 드물다.

5-2-1. 강원도 영월군 한반도면 옹정리 평창강-주천강 합류지점
하도에 모래톱을 중심으로 퇴적물이 쌓이고 여기에 식생이 정착하면서 전형적인 하도습지가 형성된 곳이다.

5-2-2. 경기도 고양시 일산동 장항동 한강하구습지보호구역

전형적인 하도습지이지만 그 위치가 바다와 만나는 하구 부근이기 때문에 하구습지로 불리기도 한다. 보통 일반인들에게는 장항습지로 많이 알려져 있다.

5-2-3. 경상남도 창녕군 유어면 대대리 토평천 우포늪

낙동강의 지류 중 하나인 토평천 일대의 대규모 범람원상에 발달한 습지다.

5-2-4. 전라북도 익산시 석탄동 만경강 우각호

현재 이곳은 습지지형 관점에서 보면 우각호에서 구하도로 이행되는 중간 단계인 우각습지에 해당된다.

5-2-5. 충청남도 예산군 삽교읍 용동리 삽교천

03 하구습지 河口濕地 estuary wetland

하천과 바다가 만나는 곳에 발달한 습지이다. 보통 하천 유수와 파도의 메커니즘이 복합되어 형성되며 크게 석호습지와 삼각주습지로 구분된다. 지역적으로는 대규모 하천이 유입되는 남서해안, 강릉 이북 동해안 일부 지역에 분포한다. 하구습지는 하천을 강조한다는 점에서 연안습지와 차별화되지만 현실적으로 하구습지와 연안습지는 그 경계가 상당히 모호한 측면이 있다. 이러한 문제점 때문에 환경부에서는 하구습지를 해안습지가 아닌 내륙하천습지로 분류한다. 한강 하구의 장항습지가 그 좋은 예다.

석호습지

5-3-1. 강원도 강릉시 주문진읍 향호리 향호

5-3-2. 충청남도 태안군 안면읍 승언리 방포항

일종의 석호인 방포항은 간조에는 하나의 갯벌습지로 변한다. 서해안의 석호가 동해안의 석호와 다른 점이다. 이러한 특징 때문에 서해안 대부분의 석호는 매립되어 육지화되었고 그 흔적만 습지 형태로 일부 남아 있다.

삼각주습지

5-3-3. 부산시 강서구 명지동 대마등

대마등은 원래 낙동강 하구에 있는 두 개의 사주섬이었는데 철새보호지를 조성하기 위해 둘을 하나로 연결하여 습지섬을 만들었다. 이러한 측면에서 보면 대마등은 일종의 인공습지라고 할 수 있다.

04 연안습지 沿岸濕地 coastal wetland

　　육지와 바다의 경계지역에 발달하는 습지다. 지역적으로 수심이 얕은 남서해안을 따라 집중 분포하며 크게 갯벌습지, 염생습지, 사구습지로 구분된다. 갯벌습지는 연안습지 중 가장 넓은 면적을 차지한다. 염생습지는 갯벌이 육지화되는 과정에서 형성되는 것으로 큰 개념으로는 갯벌습지에 포함하기도 한다. 갯벌에 퇴적물이 쌓이고 여기에 칠면초, 나문재, 함초 같은 염생식물이 뿌리를 내리면 갯벌은 염생습지로 바뀐다. 염생식물 중 가장 눈에 띄는 것은 칠면초다. 갯벌 일대가 붉은색으로 빛난다면 이곳은 칠면초가 자라면서 육지화가 진행되는 염생습지라고 보면 틀림없다. 사구습지는 다시 사구내습지와 사구배후호습지로 구분된다. 사구내습지는 사구 내 두 개의 사구열 사이에 형성된 습지로 강수량에 따라 수위 변동량이 큰 것이 특징이다. 사구배후호습지는 사구지대와 내륙 배후 산지 사이에 형성된 습지다. 우리나라처럼 온대지역의 해안사구지대는 강수량이 많아 배후산지에서 유입되는 많은 물이 바닷물과의 밀도차 때문에 바다로 빠져나가지 않고 배후지역 모래층에 저장되어 습지가 형성되기 쉽다. 사구내습지에 비해 수위 변동량이 크지 않아 안정적인 습지생태계가 유지되고 있는 곳이다.

갯벌습지

5-4-1. 인천시 강화군 화도면 내리 후포항　　　　　5-4-2. 전라북도 고창군 심원면 고진리해안

염생습지

5-4-5. 인천시 중구 운복동 영종도 칠면초갯벌
5-4-6. 전라남도 신안군 증도면 대초리 태평염생식물원

5-4-3. 경기도 화성시 서신면 송교리 칠면초갯벌
5-4-4. 전라남도 순천시 대대동 순천만습지

사구습지

5-4-7. 충청남도 태안군 원북면 신두리 신두리사구 사구저습지
2개의 사구열 사이에 발달한 것으로 이러한 형태를 사구내습지 혹은
사구저습지라고 한다.

5-4-8. 신두리사구 두웅습지
사구 모래가 내륙 쪽으로 불어가 배후지역의 계곡 입구에 쌓이면 습지
가 만들어지는데 이를 사구배후습지라고 한다. 두웅습지가 대표적인
예다.

05 인공습지 人工濕地 artificial wetland

댐이나 저수지 건설, 농경지의 묵논화 등으로 인해 만들어지는 습지다. 성인에 따라 호수습지, 운하습지, 묵논습지 등으로 구분한다. 묵논은 일시적 혹은 영구적으로 농사를 짓지 않아 자연상태로 돌아간 경작지를 말한다. 대표적인 묵논습지인 고창 운곡습지가 2011년 람사르에 등록되고 문경돌리네습지가 2017년 환경부습지보호지역으로 지정되면서 최근 인공습지에 관한 관심이 더욱 높아지고 있다. 묵논습지란 사회·경제적 요인으로 인해 의도적으로 경작을 포기한 농경지에 조성된 습지를 말한다.

5-5-1. 경기도 광주시 남종면 귀여리~우천리 팔당호
팔당댐 건설로 만들어진 팔당호에 형성된 습지다.

5-5-2. 경기도 성남시 분당구 율동 율동공원
율동공원의 중심에 자리한 이 호수는 원래 농업용수를 공급하기 위해 저수지가 조성되었던 곳이다. 저수지 건설 이후 계속 토사가 퇴적되어 수심이 얕아지면서 습지화되고 있다.

5-2-3. 경상남도 창원시 동읍~대산면 주남저수지
1951년 농업용수를 공급하기 위해 만들어진 저수지다. 주남, 산남, 동판 등 3개 저수지로 구성되어 있다. 우리나라의 대표적인 철새도래지 중 하나다.

5-5-4. 전라북도 고창군 아산면 운곡리 운곡습지
대표적인 묵논습지 중 하나다. 이곳은 원래 지역주민들이 계단식으로 경작하던 농경지였으나 1981년 운곡댐 건설로 지역주민들이 다른 지역으로 이주하게 되었고 그에 따라 농사를 짓지 않는 논이 묵논습지가된 것이다. 운곡댐은 인근 원자력 발전소에 공급할 용수 확보를 위해 지어졌다.

5-5-5. 운곡습지

5-5-6. 경상남도 청송군 주왕산면 주산지리 주산지
조선 숙종 때(1721년)에 완공된 농업용 저수지다. 전형적인 습지식물인 왕버들이 이 주산지의 명물이다. 수령은 300년을 넘은 것으로 알려져 있다.

5-5-7. 충청남도 서산시 팔봉면 어송리 굴포운하지
태안의 천수만과 서산의 가로림만을 연결하려 했던 운하유적지에 형성된 습지다.

5-5-8. 경상북도 문경시 산북면 우곡리 문경돌리네습지
대표적인 묵논습지 중 하나다. 이곳은 원래 지역주민들의 경작지로 이용되었으나 문경시에서 돌리네습지를 보전하고 관리하기 위해 2017년 환경부습지보존지역으로 지정했다.

제6장

해안지형

01 사취 砂嘴 sand spit

　파랑이나 연안류, 조류 등에 의해 모래나 자갈이 해안에서 바다 쪽으로 퇴적된 지형이다. 보통 그 모양이 새의 부리[嘴]처럼 생겼다고 해서 붙여진 이름이다. 보통은 육지에 평행하거나 육지 쪽으로 구부러진 모양으로 발달하지만 간혹 뾰족한 삼각형 모양으로 돌출된 형태도 관찰된다. 후자를 첨상사취(尖狀砂嘴, cuspate spit)라고 부른다. 새의 부리 모양이 다양하듯이 사취 형태도 극히 다양하다. 사취가 성장하여 맞은편 육지 돌출부와 만나면 사주가 되고 섬과 만나면 육계사주가 된다. 사취 중에서도 특히 자갈이 주로 퇴적된 것을 역취(礫嘴, gravel spit)로 분류하기도 하지만 보통은 크게 사취의 일종으로 취급한다.

6-1-1. 강원도 고성군 죽왕면 오호리 송지호해수욕장
전형적인 첨상사취에 해당한다. 사취가 성장하여 앞쪽의 죽도와 연결되면 육계사주가 될 것이다. 물속에서 미래의 '간조육계사주'가 형성되는 모습을 관찰할 수 있다.

```
1 | 2
  3
```

6-1-2. 송지호해수욕장
2013년에 촬영한 것으로 지금의 모습과는 많이 다르다. 오히려 당시 사취보다 지금의 사취가 더 축소되었다는 느낌이 든다. 주민들은 그 이유를 해안 주변에 들어선 고층 건물 때문인 것으로 설명하기도 한다.
6-1-3. 충청남도 태안군 고남면 장흥리 바람아래해수욕장
6-1-4. 바람아래해수욕장

6-1-5. 충청남도 태안군 근흥면 정죽리
정죽리와 신진도리를 연결하는 신진대교 북쪽 해상에 발달한 것으로 전형적인 역취에 해당한다. 간조에는 갯벌 일부가 되고 만조에는 물에 완전히 잠겨 사취 형태가 소멸하는 특징이 있다.
6-1-6. 정죽리

02 사주섬 砂洲섬 barrier island

　파도 및 연안류에 의해 모래와 자갈 등이 해안선을 따라 평행하게 퇴적된 좁고 긴 지형이다. 주로 화강암질 모래로 구성되어 있고 부분적으로는 잔자갈들이 섞여 있기도 하다. 연안사주, 울타리섬이라고도 한다. 낙동강 하구에 집중적으로 분포하지만 다른 지역에서도 관찰된다. 삼각주 연안에 사주섬이 발달하면 삼각주가 확대되면서 넓은 해안충적평야가 형성되기도 하는데 낙동강 하구의 김해평야는 그 대표적인 예다. 사주섬 중 만조에 잠기고 간조에 드러나는 것은 간조사주섬이라고 해서 따로 구분한다. 인천시 대이작도의 풀등이 이에 해당한다. 지명에 '~등'이 붙은 것은 대개 사주섬이다. 사주섬이 더 확장되어 섬처럼 되면 '~도'라는 지명으로 불린다.

6-2-1. 부산시 강서구 명지동 대마등
대마등 뒤쪽의 아파트 단지는 1983년 낙동강삼각주(김해평야)에 들어선 신시가지다. 행정명은 부산시광역시 강서구 명지동인데 이는 과거 사주섬인 '명지도'를 매립해서 탄생한 곳이라 사주섬이 곧 행정명이 되었다. 더 안쪽으로 들어가면 김해국제공항이 나온다. 공항도 역시 낙동강 삼각주상에 위치한다.

6-2-2. 대마등
대마등은 큰 말처럼 생겼다는 의미다.

6-2-3. 부산시 사하구 다대동 도요등

도요등은 낙동강 하구의 사주섬들 중 가장 젊은 사주섬으로 지금도 활발하게 성장하고 있다. 도요등이 처음 물 위로 드러난 것은 1988년부터다. 물 위로 드러나기 전 물속에 있는 것은 '속등'이라고 해서 따로 구분한다. 도요등은 도요새가 많이 찾는다고 해서 붙여진 이름이다.

6-2-4. 도요등

도요등은 다대포해수욕장 쪽으로 빠르게 성장하고 있다. 도요등에 퇴적되는 모래는 다대포해수욕장에서 공급되고 있을 가능성이 높다.

6-2-5. 인천시 옹진군 자월면 이작리 대이작도 풀등

풀등은 대이작도 북서쪽 해안에 발달했다. 오른쪽 해안이 풀안해수욕장이다.

6-2-6. 충청남도 태안군 고남면 장곡리 바람아래해변

만조에는 사주섬이지만 간조가 되면 배후 사빈과 연결되는 특징을 갖는다.

03 셰니어 chenier

갯벌에 모래와 조개껍질이 부분적으로 두껍게 퇴적된 지형이다. 간조에는 갯벌 일부로 존재하지만 만조에는 높은 부분이 해수면 위로 드러나 '사주섬' 형태로 보이는 것이 특징이다. 셰니어의 규모가 커지면 결국 갯벌은 습지환경을 거쳐 최종적으로는 육지환경으로 바뀌게 된다. 퇴적물질은 대부분 화강암질 모래로 되어 있다. 형태는 일반적인 사주섬과 비슷하지만 그 생태적 특징은 전혀 다르다.

6-3-1. 전라북도 고창군 심원면 고진리 해안
6-3-2. 고진리 해안
6-3-3. 고진리 해안
6-3-4. 고진리 해안

6-3-5. 충청남도 태안군 고남면 장곡리 바람아래해수욕장
6-3-6. 바람아래해수욕장

6-3-7. 바람아래해수욕장
6-3-8. 바람아래해수욕장

04 하구사주 河口砂洲 rivermouth bar

하천의 하구를 가로질러 모래와 자갈이 퇴적된 지형이다. 하천 상류 배후산지나 인근 해안으로부터 이동된 모래나 자갈이 파랑 및 연안류에 의해 쌓여 만들어진다. 주로 많은 모래를 공급해 주는 화강암 산지로부터 흘러내리는 하천에서 잘 발달한다. 하구사주가 발달한 후 오랜 기간 하천이 흐르지 않게 되면 사주 안쪽으로 일시적 습지가 만들어지기도 한다. 이는 해안지역에서 만입부에 만구사주(灣口砂洲)가 발달하면서 바다와 단절된 석호가 형성되는 원리와 같다.

6-4-1. 강원도 강릉시 연곡면 연곡천 하구
6-4-2. 연곡천 하구

05 육계사주 陸繫砂洲 tombolo

연안사주가 해안에서 바다 쪽으로 발달하면서 가까운 섬과 연결된 지형이다. 영어로 connecting bar 라는 용어도 함께 쓰인다. 모래나 자갈이 파도나 연안류에 의해 퇴적되어 연안사주가 발달하는 과정에서 그 앞쪽에 놓인 섬과 연결된 것이다. 대부분 가까운 해안에서 공급되는 모래나 자갈이 주재료가 된다. 육계사주는 대부분 새의 부리처럼 생긴 사취(spit) 형태로 발달하기 시작한다. 만조에는 물속에 잠기고 간조에만 드러나는 경우는 간조육계사주라고 해서 따로 구분한다. 육계사주에 의해 육지와 연결된 섬은 육계도(land tied island)라고 한다.

6-5-1. 제주도 서귀포시 성산읍 고성리 광치기해변
제주도 본섬과 성산일출봉을 연결하는 육계사주다. 사주가 발달한 해변을 보통 광치기해변이라고 부른다. 사진은 제주도 본섬에서 성산일출봉 쪽을 바라본 경관이다. 멀리 뒤쪽에 작게 보이는 것이 우도다.
6-5-2. 광치기해변

6-5-3. 광치기해변
육계도인 성산일출봉에서 제주도 본섬 쪽을 바라본 경관이다.

6-5-4. 제주도 서귀포시 성산읍 고성리 섭지코지해변
제주도 본섬의 신양마을과 섭지코지를 연결한 육계사주. 사진은 본섬에서 섭지코지 쪽을 바라본 경관이다.

6-5-5. 섭지코지해변

06 간조육계사주 干潮陸繫砂洲 low tide tombolo

간조에 해수면 위로 드러나는 육계사주다. 모래나 자갈이 파도나 연안류에 의해 해저에 퇴적되어 발달한다. 대부분 가까운 해안이나 해저에서 공급되는 모래나 자갈이 주재료가 된다. 주로 조석간만의 차가 심한 남서해안을 중심으로 분포한다. 간조육계사주 중 가장 규모가 큰 것은 '한국판 모세의 기적'으로 알려진 진도 신비의 바닷길이다. 이곳은 명승 제9호로 지정되어 있고 매년 4월이면 '진도 신비의 바닷길 축제'가 열린다.

6-6-1. 경상남도 통영시 한산면 매죽리 소매물도–등대섬
왼쪽 소매물도와 오른쪽 등대섬 사이에 발달해 있다.

6-6-2. 전라남도 여수시 화정면 사도리 중도–증도 양면해변
사도를 구성하는 5개의 섬 중 중도와 증도(오른쪽)를 이어 주는 간조육계사주다. 양쪽으로 해수욕장이 있어 양면해변으로 불린다. 양면해변 중간쯤에서는 다시 장사도(왼쪽)를 연결하는 또 다른 간조육계사주가 드러난다.

6-6-3. 전라남도 진도군 고군면 금계리 해안–의신면 모도리 모도
금계리 해변과 모도를 연결하는 간조육계사주다. 금계리 해변에서 모도 쪽을 바라본 경관이다.

1	2
	3

6-6-4. 제주도 서귀포시 강정동 해안–서건도
강정동 해변과 서건도를 연결한 간조육계사주다.

6-6-5. 충청남도 보령시 웅천읍 관당리 무창포 해변
무창포 해수욕장과 석대도를 연결한 간조육계사주다. 왼쪽 뒤로 석대도가 보인다.

6-6-6. 충청남도 서산시 부석면 간월도–간월암
사진을 찍은 곳이 간월도이고 뒤쪽의 섬이 간월암이다. 간월도는 원래 섬이었지만 간척사업으로 인해 육지화되었다.

6-6-7. 충청남도 태안군 안면읍 정당리 해변–여우섬
여우섬에서 정당리 해변을 바라본 경관이다

6-6-8. 충청남도 태안군 안면읍 승언리 꽃지해변–할미할아비바위
꽃지해변과 할미할아비바위 사이를 간조육계사주가 이어 주고 있다.

07 모래해안 모래海岸 sandy beach

파도나 연안류에 의해 해안선을 따라 모래가 퇴적된 지형이다. 사빈이라고도 한다. 모래의 색은 주변 기반암의 특성에 따라 달라진다. 화강암지대는 흰모래, 현무암지대는 검은모래, 적색 용결 응회암 및 화강반암지대는 붉은모래가 각각 나타난다. 일반적으로 해수욕장의 모래를 '백사장'으로 부르지만 원래 백사장의 의미는 화강암 기원의 흰모래해안을 지칭하는 것이므로 용어 사용상 주의가 필요하다. 모래해안을 포함한 보다 포괄적인 개념이 해빈이다. 해빈은 '미고결물질'이 퇴적된 해안지형으로 정의되는데 여기에는 모래해안 외에 자갈해안, 패사해안, 홍조단괴해안 등도 포함된다. 해빈에 상대적인 개념이 암석해안이다.

흰모래해안

6-7-1. 강원도 삼척시 근덕면 하맹방리 맹방해변

6-7-2. 강원도 강릉시 연곡면 영진리 영진해변
6-7-3. 전라남도 신안군 자은면 백길리 자은도 백길해변

검은모래해안

6-7-4. 제주도 제주시 삼양동 삼양해변
6-7-5. 제주도 제주시 우도면 조일리 검멀레해변

붉은모래해안

6-7-6. 인천시 옹진군 덕적면 굴업리 굴업도해변 (촬영: 김태석)
6-7-7. 굴업도 해변 (촬영: 김태석)

세계의 지형 **검은모래해안**

6-7-8. 아이슬란드 비크해안 레이니스피아라
대표적인 검은모래해안으로 알려졌지만 지형학적 기준으로 보면 자갈해안에 가깝다. 현장에서의 느낌은 모래와 자갈의 중간이다.

08 패사해안 貝砂海岸 weatherd shell beach

잘게 부서지고 풍화된 조개껍질 조각들이 파도나 연안류에 의해 퇴적된 해안이다. 패사해안 중에는 조개껍질과 함께 다양한 성분의 광물질 모래가 섞여 있는 경우가 많다. 서해안의 대천해변과 바람아래 해변, 제주도의 협재해변, 중문해변, 표선해변 등이 대표적인 예다. 대천해변의 모래는 70%가 패사이고 제주도의 해변들은 거의 100% 가까이 패사로 되어 있다. 퇴적물의 크기를 나눌 때 지름 2mm 이하를 모래, 그 이상을 자갈이라 부르는데, 패사해안에서도 굵은 패각들이 존재하기 때문에 용어 사용에 주의 가 필요하다.

6-8-1. 제주도 서귀포시 표선면 표선리 표선해변

6-8-2. 표선해변

1 | 2
  | 3

6-8-3. 제주도 제주시 한림읍 협재리 협재해변

6-8-4. 협재해변

6-8-5. 협재해변
패사보다 굵은 패각들이 한 장소에 모여 있다. 패사는 이러한 패각이
더 잘게 쪼개진 것이다.

6-8-6. 충청남도 태안군 고남면 장곡리 바람아래해변

6-8-7. 바람아래해변

09 홍조단괴해안 紅藻團塊海岸 rhodoliths beach

홍조단괴가 퇴적된 해안이다. 홍조단괴는 홍조류라 불리는 바다생물에 의해 만들어지는 탄산칼슘 덩어리를 말한다. 홍조류는 석회조류의 일종으로 광합성을 통해 세포 혹은 세포 사이의 벽에 탄산칼슘을 침전시켜 딱딱한 탄산칼슘 단괴를 만든다. 우리나라에서는 제주도 우도의 것이 유일하다. 세계적으로도 희귀한 경관이라 천연기념물로 지정되어 있다. 우도8경 중 하나로 '서빈백사'로 불리는데 이는 서쪽 해안의 흰모래 해변이라는 뜻이다.

6-9-1. 제주도 제주시 우도면 연평리 제주우도홍조단괴해빈
6-9-2. 제주우도홍조단괴해빈

6-9-3. 제주우도홍조단괴해빈
6-9-4. 제주우도홍조단괴해빈
홍조단괴의 크기는 1~8cm 정도다.

10 자갈해안 자갈海岸 gravel beach

　　지름 2mm 이상인 자갈이 퇴적된 해안이다. 역빈(礫濱)이라고도 한다. 퇴적학에서는 자갈의 크기를 더 자세하게 나누어 잔자갈(granular gravel), 자갈(pebble), 왕자갈(cobble), 거력(boulder) 등으로 구분하지만 지형학에서는 이를 자갈로 통일해 사용한다. 몽돌, 조약돌, 먹돌, 콩돌, 호박돌, 빼돌 등은 일상생활에서 자갈을 그 특색에 따라 달리 부르는 이름이다. 몽돌은 동글동글한 자갈, 조약돌은 작고 동글동글한 자갈, 먹돌은 검은색 자갈, 콩돌은 잔자갈, 호박돌은 큰자갈, 빼돌은 바닷가의 둥근자갈이라는 의미다. 자갈의 색은 암석의 화학성분에 따라 달라진다. 염기성인 현무암은 검은색, 산성인 화강암은 밝은색을 띤다. 암석에 철 성분이 많은 경우 그 함유량이나 산화 정도에 따라 적색 내지 노란색을 띠기도 한다. 모든 자갈이 동글동글하지는 않다. 잘 쪼개지는 성질을 가지고 있는 편암류에서는 주로 납작자갈이 만들어진다. 모래해안이 주로 화강암질로 되어 있는 데 비해 자갈해안은 비화강암질 암석이 대부분이다. 대부분의 모래해안이 밝은색인 데 비해 자갈해안은 어두운 색조로 보이는 것은 이 때문이다. 지역적으로는 동남부 및 남서부 해안, 제주도 등지에 집중되어 있다.

6-10-1. 경상남도 거제시 동부면 학동리 학동흑진주몽돌해수욕장
우리나라에서 가장 규모가 큰 자갈해변이다. 학동해변은 동쪽과 서쪽의 자갈 특징이 다른데 이는 배후산지의 기반암이 다른 데서 기인한 것으로 보인다. 동쪽은 퇴적변성암(성포리층), 서쪽은 섬록암으로 되어 있다. 섬록암은 화학조성면에서 현무암과 화강암의 중간적 성질을 갖는다. 동쪽은 거제도에서 볼 수 있는 보편적인 자갈이지만 서쪽은 훨씬 더 크고 둥근형태를 하고 있다.

6-10-2. 학동흑진주몽돌해수욕장

6-10-3. 학동흑진주몽돌해수욕장

6-10-4. 경상남도 통영시 한산면 추봉리 봉암몽돌해변

6-10-5. 봉암몽돌해변

6-10-6. 봉암몽돌해변

봉암해변에서는 기반암의 영향을 받아 납작한 형태의 자갈도 보인다. 보통 퇴적변성암인 편암류에서 납작 자갈이 형성된다.

1	
2	3

6-10-7. 울산시 동구 주전동해변

주전동해변에는 '노랑바위'라는 특이한 바위가 있다. 해변은 대체적으로 검은색 자갈이지만 그 주변에
는 이 노랑바위의 영향으로 노란 자갈도 눈에 띈다. 암석에 철 성분이 포함된 경우 그 함유량이나 산화
정도에 따라 적색 내지 노란색으로 보이게 된다. 이 일대 지질도에는 울산층으로 표기되어 있다.

6-10-8. 주전동해변 노랑자갈

6-10-9. 주전동해변 노랑바위

6-10-10. 주전동해변

6-10-11. 전라남도 신안군 흑산면 홍도리 몽돌해안

홍도는 섬 전체가 사암이 변성된 규암으로 되어 있고 몽돌해변의 자갈에서도 그 특징이 잘 나타난다. 홍도 주민들은 이 자갈해변을 '빠돌해변'이
라 부른다. 빠돌은 바닷가의 둥근돌이라는 뜻이다.

6-10-12. 홍도리 몽돌해안

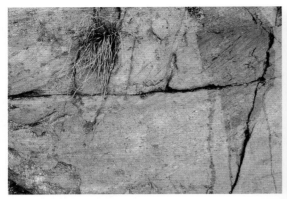

6-10-13. 홍도리 규암

6-10-14. 전라남도 완도군 완도읍 정도리 구계등
구계등이라는 지명은 자갈해변이 9개 계단 모양으로 형성되었다
는 의미로 붙여진 것으로 알려져 있다.

6-10-15. 정도리 구계등

6-10-16. 제주도 서귀포시 대천동 약근천
하구
현무암이 풍화되고 침식되어 검은자갈해변
이 만들어졌다.

6-10-17. 제주도 제주시 우도면 연평리 톨칸이 먹돌해안

톨칸이는 제주도 방언으로 '소여물통'이라는 뜻이다. 이곳 지형이 소여물통을 닮았다는 의미다. 톨칸이는 절벽지대와 자갈해변으로 구성되어 있다. 이중 자갈해변을 먹돌해안이라고 부른다. 지금은 절벽의 붕괴 우려가 있어 해변 안으로의 출입이 금지되어 있다. 먹돌은 '검은자갈'이라는 뜻의 제주도 방언이다.

6-10-18. 돌칸이 먹돌해안

6-10-19. 인천시 옹진군 북도면 장봉리 쪽쪽골 해변

화강암과 편암이 기반암으로 되어 있는 해안에 거력의 자갈해빈이 발달했다.

6-10-20. 일본 이시가키 해안의 '산호자갈'

11 사력해안 砂礫海岸 sand-gravel beach

　　모래와 자갈이 섞여 있는 해안퇴적지형이다. 모래와 자갈의 공급처가 해안 인근에 함께 있을 때 잘 발달한다. 광물학적 특성상 모래와 자갈이 동시에 형성될 수 있는 암석은 화산암, 퇴적변성암 등이다. 지역적으로는 서해안과 제주도 지역에서 주로 관찰된다. 사력해안이라 부르기는 하지만 모두 모래와 자갈만으로 구성되는 것은 아니다. 갯벌이 가까운 곳에서는 점토가 섞이기도 하고 암석해안이 가까우면 기반암이 부분적으로 노출되어 있기도 하다.

6-11-1. 경기도 안산시 단원구 대부북동 구봉도해변
편암기원의 납작자갈과 모래 그리고 부분적으로 패사가 섞여 있는 해안이다.

6-11-2. 전라남도 여수시 만흥동 만성리검은모래해변

6-11-3. 전라남도 신안군 증도면 우전리 우전해변
모래와 자갈 그리고 여기에 갯벌에서 이동되어온 점토가 섞여 있다.

6-11-4. 전라북도 부안군 변산면 격포리 채석강
모래해안에 기반암이 살짝 노출되어 있고 드문드문 자갈도 섞여 있다.

6-11-5. 제주도 서귀포시 색달동 색달해변

돌출부에는 자갈이 쌓여 있고 만입부에는 모래가 퇴적되어 있다. 역동적인 침식, 운반, 퇴적이라는 해안지형발달 메커니즘을 한눈에 볼 수 있는 장소다.

6-11-6. 색달해변

6-11-7. 충청남도 태안군 소원면 파도리 파도리해변

6-11-8. 파도리해변

6-11-9. 충청남도 태안군 안면읍 창기리 백사장해변

12 암석해안 岩石海岸 rocky coast

퇴적물이 거의 없이 대부분이 기반암으로 구성된 해안이다. 침식작용에 대한 저항력이 강한 암석지대가 노출되어 있고 퇴적보다 침식작용이 활발한 해안에서 발달한다. 다양한 암석에서 발달하며 암석의 특징에 따라 지형경관도 달라진다. 대표적인 해안침식지형인 파식대, 해식애, 시스택, 시아치, 해식동굴, 해식와, 마린포트홀 등은 대부분 암석해안에 발달하는 지형들이다.

화강암 해안

6-12-1. 강원도 강릉시 주문진읍 주문리
뒤에 보이는 바위는 '고래바위'로 불린다. 화강암해안에는 특정한 이름이 붙여진 바위들이 많다.

6-12-2. 강원도 속초시 동명동 동명항　　　　　　　　**6-12-3. 강원도 양양군 현남면 동산리 동산항**

6-12-4. 강원도 양양군 현남면 광진리 휴휴암해안
넓적 바위는 휴휴암의 야외법당으로 쓰인다. 이 바위에는 나마, 그루브 등과
같은 화강암풍화지형이 발달해 있다.

6-12-5. 울산시 동구 일산동 대왕암공원

화산암 해안

6-12-6. 경상북도 경주시 양남면 읍천리

6-12-7. 경상북도 포항시 구룡포읍 삼정리
6-12-8. 제주도 제주시 애월읍 구엄리

6-12-9. 제주도 서귀포시 중문동 대포동주장절리대
6-12-10. 제주도 서귀포시 안덕면 사계리 용머리해안

6-12-11. 제주도 서귀포시 예래동
6-12-12. 제주도 서귀포시 서홍동 황우지해안

변성암 해안

6-12-13. 강원도 삼척시 정하동 이사부길
6-12-14. 경상남도 거제시 남부면 갈곶리 신선대
6-12-15. 경상남도 고성군 하이면 덕명리 상족암

13 갯벌해안 갯벌海岸 tidal flat

썰물 때 드러나고 밀물 때는 잠기는 해안이다. 간석지라고도 한다. 조석간만의 차가 심하면서 해저 경사가 완만한 곳에 각종 퇴적물이 쌓여 발달한다. 갯벌을 구성하는 물질에 따라 펄갯벌(mud flat), 모래갯벌, 자갈갯벌 등으로 구분한다. 일반적으로 쓰이는 '갯벌'은 지형학적 의미의 갯벌 중 펄갯벌에 해당된다. 펄갯벌은 밀물과 썰물이 드나드는 통로인 갯골이 발달하는 것이 특징이다. 둘 이상의 물질이 섞여 있는 경우는 혼합갯벌이라고 한다. 물이 빠지면 자동차가 다닐 수 있도록 단단한 해변이 드러나는 곳은 대개 모래와 펄이 섞여 있는 혼합갯벌이다. 자갈갯벌의 경우는 단독으로 발달하는 경우는 거의 없고 다른 물질과 혼합된 것이 보통이다. 갯벌은 조석간만의 차가 심한 남서해안을 중심으로 분포하는데 이곳 해수욕장들은 대부분 썰물 때 넓게 드러나는 갯벌 해수욕장이다.

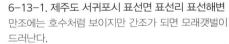
모래갯벌

6-13-1. 제주도 서귀포시 표선면 표선리 표선해변
만조에는 호수처럼 보이지만 간조가 되면 모래갯벌이
드러난다.

6-13-2. 충청남도 태안군 안면읍 창기리 기지포해변
6-13-3. 충청남도 태안군 안면읍 창기리 삼봉해변

펄갯벌

6-13-4. 인천시 강화군 내가면 외포리해변
펄갯벌의 큰 특징 중 하나는 갯골이 발달한다는 점이다. 밀물과 썰물이 드나드는 통로인 갯골을 통해 바닷물이 어느 쪽으로 이동하는지 알 수 있다.

6-13-5. 인천시 강화군 화도면 내리 후포해변

6-13-6. 인천시 옹진군 영흥면 선재리 선재도

6-13-7. 전라북도 고창군 심원면 고진리해변
모래와 펄이 혼합된 갯벌은 물이 빠지면 단단한 상태가 되어 자동차들이 갯벌 사이를 누비고 다닐 수 있다. 고창 만돌리 해변에서 이루어지는 '갯벌 투어'는 이러한 지형적 특징을 적절히 이용한 것이다.

6-13-8. 충청남도 태안군 근흥면 신진도리
이 사진은 간조와 만조 사이 중간쯤에 촬영한 것이다.

6-13-9. 충청남도 태안군 안면읍 창기리 백사장해변
6-13-10. 전라남도 신안군 증도면 우전리 우전해변

14 직선해안 直線海岸 straight coast

　해안에 곶과 만이 거의 발달하지 않아 평면 형태가 전체적으로 직선을 이루는 해안이다. 상대적으로 곶과 만이 반복되는 해안은 리아스식해안이라고 한다. 우리나라에서는 일반적으로 동해안을 직선해안, 남서해안을 리아스식해안으로 구분한다. 이들 해안선의 형성 원인을 과거에는 주로 이수(직선해안)와 침수(리아스식해안)로 설명했지만 이수해안인 경우에도 리아스식해안이 발달하는 경우가 있는 등 그 인과성이 꼭 일치하지 않아 객관성이 결여되는 문제가 있었다. 이러한 측면에서 지금은 해안에 인접한 산맥의 방향성, 단층 등과 같은 구조적 요인이 강조된다. 즉 동해안의 직선해안은 남북으로 달리는 태백산맥과 동해 단층작용, 남서해안의 리아스식해안은 남서해안을 향해 손가락처럼 뻗어 있는 소백산맥, 차령산맥, 광주산맥, 노령산맥 등이 기본적으로 영향을 준 것으로 본다. 동해안에서도 직선해안이 전형적으로 나타나는 곳은 강원도 고성군 현내면 명호리해변에서 시작해 속초시, 양양군을 거쳐 강릉시 정동진해변에 이르는 약 130km 구간이다.

6-14-1. 강원도 강릉시 연곡면
연곡해변에서 남쪽을 바라본 경관이다. 이 구간에는 연곡해변, 하평해변, 사천진해변이 연속적으로 형성되어 있다.

6-14-2. 강원도 강릉시 주문진읍
주문진해변에서 북쪽을 바라본 경관이다. 이 구간에는 주문진해변, 향호해변, 지경리해변, 원포리해변이 연속적으로 형성되어 있다.

15 리아스식해안 리아스식海岸 rias coast

해안선을 따라 곶과 만이 교대로 나타나는 해안이다. 이들 해안지형은 대부분 하천의 차별침식으로 형성된 산지나 골짜기가 해수면 상승 혹은 육지 침강에 의해 바닷속에 잠김으로써 만들어진다. 리아스식해안에는 산지가 완전히 잠기거나 곶에서 떨어져 나가 만들어진 섬들이 다수 분포하는데 이러한 해역을 다도해라 부른다. 다도해역 중에서 특히 섬들이 길게 연속된 군도(群島)의 윤곽을 통해 육지상에 존재하던 당시의 산지 형태와 분포를 짐작해 볼 수 있다. 우리나라의 경우 서해안과 남해안은 세계적인 리아스식해안으로 알려져 있다. 수심이 얕고 조석간만의 차가 크기 때문에 큰 항구가 발달할 수는 없지만 상대적으로 천일염 생산이나 수산양식업에는 유리하다.

6-15-1. 경상남도 거제시 남부면 갈곶리 신선대 해안
6-15-2. 경상남도 거제시 남부면 갈곶리 해금강 해안
6-15-3. 경상남도 통영시 욕지면 욕지도 삼여도 해안

1	
2	3

6-15-4. 인천시 옹진군 자월면 이작리 대이작도 해안
6-15-5. 전라남도 고흥군 영남면 다도해해상국립공원

6-15-6. 전라남도 신안군 흑산면 흑산도 해안
6-15-7. 전라북도 부안군 변산면 격포리 적벽강 해안

6-15-8. 전라남도 진도군 조도면 다도해해상국립공원

6-15-9. 전라북도 부안군 변산면 격포리 채석강 해안
6-15-10. 충청남도 태안군 이원면 당산리 소코뚜레바위 해안

세계의 지형 **리아스식해안**

6-15-11. 일본 대마도 아소만

16 헤드랜드 headland

　해안에서 바다 쪽으로 길게 돌출된 지형이다. 육지의 침강이나 해수면 상승 같은 침수작용, 파도의 차별침식작용, 퇴적작용 등으로 만들어진다. 우리말로 곶(갑)으로도 불리며 영어로는 cape, point, promontory로도 표현된다. 곶을 헤드랜드보다 큰 것으로 정의하기도 하지만 그 기준이 명확하지 않아 따로 구분하지는 않는다. 헤드랜드의 정체성은 돌출 지형이지만 돌출 정도를 나타내는 수치적 기준은 제시되어 있지 않다. 경험적으로 보면 돌출이 시작되는 지점과 끝나는 지점을 직선으로 연결한 길이와 돌출된 해안선의 길이 비율 1:2 이상으로 정의하면 무리가 없을 것 같다. 이는 '정삼각형'에서 두 변의 길이는 한 변의 길이의 2배라는 점에 근거한 것이다. 곶보다 규모가 큰 것이 반도(peninsula)다. 물론 규모의 기준은 없지만 현실적으로 곶은 '땅끝'이라는 위치를 강조하는 점(點)으로 인식되고, 반도는 일정한 면적을 갖는 면(面)으로 인식되기 때문에 정성적으로 이 둘을 구분하는 것은 어렵지 않다. 규모가 큰 반도의 경우 하나의 반도 안에 여러 개의 반도가 포함되고 각 반도의 끝에는 크고 작은 곶이 발달해 있다. 예를 들어 우리 국토는 그 자체가 반도이고 여기에 태안반도, 해남반도, 호미반도 등이 포함되며 호미반도 끝에는 호미곶이 존재한다.

6-16-1. 경상남도 고성군 하이면 덕명리 상족암 해안

6-16-2. 경상남도 거제시 남부면 갈곶리 신선대 해안

6-16-3. 경상남도 사천시 향촌동 남일대 코끼리바위 해안

6-16-4. 전라북도 부안군 변산면 격포리 적벽강 해안

6-16-5. 제주도 서귀포시 대정읍 송악산 해안

6-16-6. 제주도 서귀포시 성산읍 섭지코지 붉은오름 해안

6-16-7. 충청남도 태안군 이원면 당산리 소코뚜레바위 해안

이 헤드랜드는 몇 년 전 태풍 피해로 인해 일부가 무너져 내려 그 앞쪽에 시스택이 만들어졌다.

17 범 berm

해안의 모래나 자갈이 파랑의 작용으로 해안을 따라 계단 모양으로 쌓인 지형이다. 주로 모래해안에 발달하지만 파랑이 강한 곳에서는 자갈해안에서도 형성된다. 범을 경계로 육지 쪽으로는 비치플랫, 바다 쪽으로는 비치페이스가 존재한다. 이들 세 지형은 해안퇴적지형을 구성하는 기본 요소가 된다. 평상시에는 파도가 비치페이스까지 도달하지만 강풍이 불거나 만조가 되면 파도는 비치페이스를 넘어 범까지 침범하게 된다. 범은 이와 같이 파도의 강약에 의해 형성되는 역동적인 해안지형이다.

6-17-1. 강원도 강릉시 연곡면 연곡해변
사진에서 왼쪽 파도가 치는 곳이 비치페이스, 오른쪽 감시초소가 서 있는 곳이 비치 플랫이고 그 가운데 점이지대에 해당되는 부분이 범이다.

6-17-2. 강원도 고성군 죽왕면 오호리해변
이곳은 비치플랫과 비치페이스만으로 되어 있고 범은 발달해 있지 않다.

6-17-3. 경기도 안산시 단원구 대부북동 구봉도해변
편암을 기반으로 하는 사력해빈에 발달한 범이다.

18 해안사구 海岸砂丘 coastal dune

　해안의 모래들이 바람에 의해 육지 쪽으로 이동되어 쌓인 모래언덕이다. 북서계절풍이 강하게 부는 서해안 일대에 주로 분포한다. 식생 피복 여부에 따라 피복사구와 미피복사구로 구분한다. 피복사구는 모래 위에 식생들이 정착해서 단단하게 고정된 사구이고 미피복사구는 식생이 존재하지 않고 모래가 그대로 드러난 사구를 말한다. 해안사구는 미피복사구로 발달하기 시작한 이후 오랜 시간이 지나면 대부분 피복사구로 바뀐다. 그러나 인위적으로 식생을 제거하면 다시 미피복사구로 돌아가는 경우도 있다. 태안 신두리해안사구는 원래 피복사구였지만 몇 년 전 관광자원으로서의 가치를 높이기 위해 인위적으로 식생을 일부 제거한 바 있다.

6-18-1. 전라남도 신안군 도초면 우이도리 우이도 돈목해변
돈목해변에서 우이도 해안사구 정상을 바라본 모습이다. 사구 중간 아래쪽으로는 식생이 피복되어 있지만 위쪽으로는 식생이 존재하지 않는 전형적인 미피복사구 형태를 보인다.

6-18-2. 돈목해변
사구 정상에서 돈목해변을 내려다본 풍경이다. 워낙 바람이 강해서 식생이 자라지 못한다. 식생이 없음에도 사구가 줄어들지 않는 것은 침식과 퇴적이 균형을 이루고 있기 때문이다. 이러한 사구를 활동성 사구라고 한다.

6-18-3. 돈목해변
사구의 정상 풍경이다. 오른쪽이 돈목해변 쪽이다. 바람은 오른쪽에서 왼쪽으로 분다.

6-18-4. 인천시 옹진군 대청면 대청도 옥중동 해안사구 (촬영: 김방현)

| 1 |
| 2 | 3 |

6-18-5. 제주도 서귀포시 성산읍 고성리 광치기해변

6-18-6. 제주도 서귀포시 색달동 중문해변

중문해수욕장 배후 절벽지대에 사구가 형성되어 있다. 절벽에 가로막혀 모래가 더 이상 내륙으로 이동하지 못하고 급경사의 사면을 이루고 있는 것이 특징적이다. 이러한 지형적 특징을 이용하여 과거에는 모래썰매장으로 이용하기도 했지만 지금은 출입을 금지하고 있다.

6-18-7. 충청남도 태안군 원북면 신두리 신두리해안사구(2008)

6-18-8. 신두리해안사구(2013)

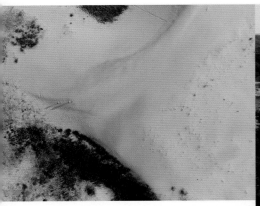

6-18-9. 신두리해안사구(2016)

6-18-10. 신두리해안사구(2019)

사진 왼쪽과 뒤쪽의 식생으로 덮인 곳도 모두 사구다. 식생을 제거하면 모래가 드러나는데 이 식생들은 내륙 쪽에 사는 주민들을 바람과 모래로부터 보호해 주는 일종의 방풍림, 방사림 역할을 한다.

세계의 지형 **해안사구**

6-18-11. 일본 돗토리현 산인해안 돗토리해안사구

19 해안단구 海岸段丘 coastal terrace

　과거의 해수면과 관련해서 발달한 해안평탄지가 해수면 변동으로 현재의 해안선보다 높은 곳에 위치하는 지형이다. 해수면 변동은 여러 차례 있었기 때문에 그 시기에 따라 고위, 중위, 저위 등으로 구분한다. 그러나 여기에서 고·중·저는 절대적 해발고도가 아닌 상대적 고도를 의미한다. 전국의 해안에 분포하지만 상대적으로 융기량이 큰 동남해안에서 전형적으로 관찰된다.

6-19-1. 강원도 강릉시 강동면 정동진리 정동진해변
해안단구는 현재 호텔과 리조트로 이용된다. 멀리 보이는 해변이 정동진해수욕장이다.

6-19-2. 정동진해변
동해고속도로 옥계휴게소 쪽에서 바라본 풍경이다.

6-19-3. 정동진해변
해발 100m 높이의 단구면에서 관찰되는 퇴적층으로 과거 해수면하에서 퇴적된 둥근 자갈들로 구성되어 있다.

6-19-4. 경상남도 거제시 남부면 갈곶리
바람의 언덕

6-19-5. 경상북도 경주시 감포읍 감포리
해안단구에 올라 해안 쪽을 내려다본 경관이다. 모텔들이 늘어선 곳이 현재의 해안선이다.

6-19-6. 경상북도 경주시 감포읍 읍천리
해발 50m 단구면에서 관찰되는 해안단구 퇴적층이다. 과거 해수면에서 만들어진 둥근 자갈들로 되어 있다. 현재의 해수면에서도 거의 비슷한
형태와 크기의 자갈들을 발견할 수 있다.

6-19-7. 경상북도 울릉군 북면 나리
추산해안

20 포켓비치 pocket beach

포켓 모양으로 발달한 해빈이다. 해안의 돌출부인 헤드랜드(headland)와 헤드랜드 사이의 만입부에 모래나 자갈 같은 퇴적물이 쌓여 만들어진다. 크게 단순포켓비치와 복합포켓비치로 분류한다. 우리나라에서는 해안의 드나듦이 심한 남서해안을 중심으로 분포한다. 보통 포켓비치는 일반 비치와 마찬가지로 비치의 폭에 비해 길이가 훨씬 길게 형성되지만 제주도 화순해변과 표선해비치해변에서는 비치의 길이보다 폭이 상대적으로 더 넓은 형태도 관찰된다. 이는 제주도의 지형적 특성상 내륙에서 바다 쪽으로 흘러내린 용암지형을 반영한 결과로 해석된다.

단순포켓비치

6-20-1. 제주도 제주시 우도면 연평리 우도 돌카니해변

6-20-2. 제주도 서귀포시 표선면 표선리 표선해비치해변
6-20-3. 제주도 서귀포시 성산읍 고성리 섭지코지해변

6-20-4. 제주도 서귀포시 색달동 색달해변
사진 오른쪽에 자리한 중문해변도 일종의 포켓비치로 본다면 이곳은 복합포켓비치로 분류할 수도 있다. 색달 포켓비치와 중문 포켓비치 사이의 헤드랜드에 하얏트 리젠시 제주호텔이 자리한 셈이다.

복합포켓비치

6-20-5. 전라남도 신안군 자은면 백길리 자은도 백길해변

6-20-6. 제주도 서귀포시 안덕면 화순리 화순금 모래해변

21 해식애 海蝕崖 sea cliff

  풍화 및 파도의 침식작용에 의해 발달하는 해안 절벽지대이다. 절벽이란 사면 경사 45도 이상인 경우를 말한다. 수심이 깊고 큰 파도가 강하게 밀려와서 부서지는 산지성 해안에 주로 분포하는데 그중에서도 퇴적암이나 화산암 같은 비화강암 기반의 해안에서 잘 발달한다. 화산암 지역에서는 수직의 주상절리 자체가 해식애를 발달시키는 주요인이 된다. 퇴적암이나 퇴적변성암을 기반으로 하는 해안에서는 수평층리의 암석학적 특성상 해식애 전면에 파식대가 동시에 발달하기도 한다.

6-21-1. 경상남도 고성군 하이면 월흥리 병풍바위

6-21-2. 경상남도 거제시 일운면 와현리 외도
6-21-3. 경상남도 고성군 하이면 덕명리 상족암

6-21-4. 경상남도 통영시 한산면 매죽리 소매물도
6-21-5. 제주도 서귀포시 대정읍 마라리 마라도

6-21-6. 경상북도 포항시 남구 동해면 입암리 선바우길
힌디기바위
6-21-7. 제주도 서귀포시 대정읍 상모리 송악산

6-21-8. 제주도 서귀포시 성산읍 성산리 성산일출봉
6-21-9. 제주도 제주시 우도면 연평리 광대코지

22 파식대 波蝕臺 wave-cut terrace

　풍화와 파도의 침식작용에 의해 만들어진 평탄한 암석지형이다. 과거에는 주로 침식이 강조되었지만 지금은 침식과 함께 풍화작용도 주요한 형성 메커니즘으로 취급한다. 현재의 해수면보다 높은 곳에 형성된 것은 융기파식대라고 해서 따로 구분한다. 암석의 구조적 특성상 퇴적암이나 퇴적변성암 지역에서 잘 발달한다. 지역적으로는 조차가 큰 해안, 큰 바다에 노출된 해안, 구릉성 해안 등에 집중 분포한다. 파식대와 유사한 개념이 쇼어플랫폼(shore platform)이다. 파식대가 파도의 침식작용을 강조한 개념이라면 쇼어플랫폼은 풍화작용을 강조한 것이다. 그러나 사실 풍화와 침식은 거의 복합적으로 일어나기 때문에 둘을 명확하게 구분하기는 어렵다. 최근에는 성인과 관계없이 보다 포괄적 개념으로 쇼어플랫폼을 사용하는 경향이 있다.

6-22-1. 경상남도 거제도 남부면 갈곶리 신선대
6-22-2. 신선대

6-22-7. 상족암

6-22-8. 부산시 영도구 동삼동 태종대

6-22-9. 전라북도 부안군 변산면 격포리 적벽강

6-22-3. 경상남도 고성군 하이면 덕명리 상족암

6-22-4. 경상북도 울릉군 서면 남양리 통구미해안

6-22-5. 전라남도 진도군 조도면 관매도리 꽁돌해변

6-22-6. 전라북도 부안군 변산면 격포리 채석강

6-22-10. 제주도 서귀포시 성산읍 성산리 성산일출봉
6-22-11. 제주도 제주시 한경면 고산리 수월봉
6-22-12. 제주도 서귀포시 안덕면 사계리 용머리해안

1	
2	3

세계의 지형
파식대

6-22-13. 일본 대마도 아지로해안

23 해식와 海蝕窪 notch

암석해안의 해식애와 파식대 경계면에 발달한 오목지형이다. 노치라고도 한다. 풍화 및 파도·조류의 침식작용이 복합되어 발달한다. 물에 잘 녹는 성질을 갖는 석회암 지역에서는 용식작용이 강조된다. 현재의 해수면보다 높은 곳에 존재하는 것은 융기해식와라고 해서 따로 구분한다. 융기해식와는 오랜 시간이 지나면 이차적 풍화작용이 진행되므로 기존의 풍화동굴과 구분이 어려운 경우도 있다. 해식와가 더 깊이 파이는 경우 해식동이 형성되고 이 해식동은 다시 시아치와 시스택 등으로 발달한다.

6-23-1. 강원도 동해시 북평동 추암해변

6-23-2. 경상남도 통영시 광도면 덕포리 해룡바위 (촬영: 김석용)
백악기 래피리 응회암에 발달한 해식와이다. 부분적으로는 타포니에 해당된다고도 할 수 있다. 해식와중에는 이처럼 타포니와 결합된 노두가 적지 않다.

6-23-3. 경상북도 포항시 남구 장기면 신창리
전체적으로는 해식와이지만 상부 일부는 타포니 형태
를 띠고 있다.

6-23-4. 인천시 옹진군 덕적면 굴업리 굴업도 (촬영: 김태석)
통영 해룡바위와 같은 암질인 래피리 응회암에 발달한 해식와로 그
형태도 매우 비슷하다.

6-23-5. 전라북도 군산시 옥도면 무녀도리 무녀도

6-23-6. 전라북도 군산시 옥도면 선유도리 선유도

6-23-7. 전라북도 부안군 변산면 격포리 적벽강

6-23-8. 적벽강

6-23-9. 제주도 서귀포시 대천동 약근천 하구

1	2
	3

6-23-10. 제주도 서귀포시 성산읍 성산리 성산일출봉

24 해식동 海蝕洞 sea cave

해안지역에서 풍화, 파도 및 조류의 침식이 복합적으로 작용하여 만들어진 동굴이다. 해식와와 다른 점은 대개 사람이 들어가서 비바람을 피할 수 있는 정도로 규모가 크다는 것이다. 같은 장소라도 암석에 절리(joint)가 발달해 있으면 그 부분을 따라 집중적으로 해식동굴이 형성된다. 보통 동굴로 불리는 것 중에는 동굴끝이 뚫려 있는 관통동굴도 있다. 이런 지형은 엄밀히 말하자면 동굴이라기보다 '자연 터널'이라고 할 수 있다. 지역에 따라 구멍바위로 불리기도 하는데 아직 공식적인 명칭은 없는 실정이다. 참고로 일본에서는 동문(洞門)이라는 용어가 쓰이고 있다.

해식동굴

| 1 | 2 |
| 3 | 4 |

6-24-1. 경상남도 거제시 일운면 와현리 와현망산
6-24-2. 전라남도 신안군 흑산면 홍도리 실금리굴
6-24-3. 제주도 제주시 한경면 고산리 당산봉 해안
6-24-4. 제주도 서귀포시 대정읍 마라리 마라도

6-24-5. 제주도 서귀포시 법환동 범섬
범섬에서 가장 규모가 큰 해식동이다. 서귀포항에서 운항하는 유람선을 타면 이 동굴 안쪽까지 배가 들어갔다 나온다. 입구가 크기는 하지만 그리 깊지 않아 유람선 앞쪽 일부를 살짝 들이미는 정도다.

6-24-6. 범섬 쌍굴
콧구멍굴로도 불린다.

6-24-7. 제주도 제주시 우도면 연평리 광대코지 어룡굴

관통 해식동굴

6-24-8. 경상남도 통영시 욕지면 연화리 우도 구멍섬

6-24-9. 경상남도 고성군 하이면 덕명리 상족암

6-24-10. 경상북도 울릉군 울릉읍 독도리 독도 동도 천장굴
천장굴은 수직으로 관통된 해식동굴이다. 이는 동굴천정 부분이 붕괴되어 형성된 것으로 설명된다. 이는 도시지역에서 발생하는 '싱크홀'의 생성원리와 같다.

6-24-11. 제주도 서귀포시 예래동 들렁궤
서쪽 동굴입구에서 안쪽을 바라본 모습이다.

6-24-12. 들렁궤
동굴 내부에서 동쪽 동굴입구 쪽을 바라본 모습이다.

6-24-13. 제주도 제주시 우도면 조일리 동안경굴
6-24-14. 충청남도 태안군 이원면 관리 볏가리마을 구멍바위

25 시아치 sea arch

풍화와 파도의 침식작용에 의해 발달한 아치 모양의 바위다. 주로 암석해안의 해식애 및 파식대상에 존재한다. 퇴적암이나 퇴적변성암과 같이 수평층리가 형성된 암석에서 잘 발달한다. 지역적으로는 해식애와 파식대가 폭넓게 발달한 남서해안을 중심으로 분포한다. 시아치의 천정 부분이 무너지면 독립된 돌기둥 형태의 시스택으로 변한다. 시아치에서 시스택으로의 전환은 가장 극적인 지형변화 중 하나로 충청남도 태안의 소코뚜레바위가 가장 대표적인 예다.

6-25-1. 경상남도 사천시 향촌동 남일대해변 코끼리바위
6-25-2. 경상북도 울릉군 울릉읍 독도리 동도
6-25-3. 경상북도 울릉군 북면 천부리 악어바위
6-25-4. 전라남도 신안군 흑산면 홍도리 남문바위

1	2
3	4

6-25-5. 제주도 제주시 구좌읍 종달리 고망난돌불턱
불턱은 제주도 해녀들의 쉼터이다. 이곳은 구멍난 바위가 있어
고망난돌불턱이라는 이름이 붙었다.

6-25-6. 제주도 서귀포시 대정읍 마라리 남문바위

6-25-7. 충청남도 서산시 대산읍 독곶리 코끼리바위

6-25-8. 충청남도 태안군 이원면 당산리 소코뚜레바위
사진은 2016년 촬영한 것이다. 당시까지 소코뚜레바위는 우리나라
에서 가장 전형적인 시아치였으나 2017년 8월 강력한 태풍이 휩쓸고
지나가면서 순간적으로 천정부가 무너져 내렸고, 그 이후에는 시스택
으로 변했다(사진 6-26-17 참고).

세계의 지형
시아치

6-25-9. 베트남 하롱베이 낙타섬
석회암이 용식되어 만들어진 것으로
카르스트지형 관점에서는 일종의 용
식자연교에 해당된다.

26 시스택 sea stack

해식애 주변이나 파식대 위에 발달한 기둥 모양의 바위다. 해식애나 암석으로 된 헤드랜드가 차별적인 풍화, 침식을 받아 만들어진다. 시스택은 크게 보면 섬(island)의 영역에 포함된다. 육지는 크게 대륙과 섬으로 구분되는데 관례적으로 그린란드 이하를 섬, 오스트레일리아 이상을 대륙으로 취급한다. 섬과 시스택을 구분하는 기준 중 하나는 육지와의 연계성과 규모다. 섬은 독립성이 강하고 규모가 크지만 시스택은 육지와 긴밀하게 연계되어 있으면서 규모가 작은 것이 특징이다. 대부분의 시스택은 '~암' 혹은 '~바위'라는 명칭이 붙는 것이 보통이다.

6-26-1. 강원도 동해시 북평동 추암해변 추암촛대바위

6-26-2. 강원도 고성군 죽왕면 오호리 부채바위

6-26-3. 경상남도 통영시 연화면 동항리 삼여도

6-26-4. 경상남도 거제시 남부면 갈곶리 거제해금강 사자바위

6-26-5. 거제해금강 선녀바위

6-26-6. 경상북도 울릉군 북면 천부리 삼선암

6-26-7. 경상북도 울릉군 서면 남양리 남통터널 인근 해변

6-26-8. 경상북도 울릉군 울릉읍 독도리 동도 부채바위

6-26-9. 인천시 옹진군 백령면 남포리 용트림바위 (출처: 문화재청)

1
2 3

6-26-10. 경상북도 포항시 남구 장기면 신창리 일출암

6-26-11. 제주도 서귀포시 서귀동 문섬과 의탈도
6-26-12. 제주도 서귀포시 법환동 범섬과 새끼섬

6-26-13. 제주도 서귀포시 서홍동 외돌개

6-26-14. 제주도 서귀포시 안덕면 사계리 형제섬

6-26-15. 제주도 서귀포시 성산읍 고성리 섭지코지 붉은오름과 선돌

6-26-16. 충청남도 태안군 소원면 파도리
6-26-17. 충청남도 태안군 이원면 당산리 소코뚜레바위

세계의 지형 **시스택**

6-26-18. 일본 오키나와 하트락

27 마린포트홀 marine pothole

해안의 평탄한 암반이나 파식대상에 발달한 원형 혹은 타원형의 돌개구멍이다. 작은 구멍에 들어간 모래알갱이나 자갈이 파도에 의해 회전운동을 하면서 마식작용을 일으켜 만들어진다. 주로 광물질이 균질하게 배열되어 있는 결정질 암석이나 퇴적암에서 잘 발달한다. 마린포트홀은 나마(gnamma)와 구별하기 어려운 경우가 많다. 초기에는 나마로 발달하지만 이차적으로 마린포트홀로 진행되는 경우도 있고 또 그 반대인 경우도 있기 때문이다.

6-27-1. 강원도 고성군 죽왕면 오호리 송지호해변

6-27-2. 경상북도 포항시 남구 호미곶면 대동배리 구룡소

6-27-3. 구룡소

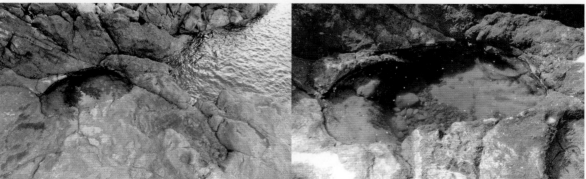

6-27-4. 전라남도 여수시 화정면 사도리 중도

6-27-5. 전라북도 부안군 변산면 격포리 적벽강

6-27-6. 제주도 서귀포시 대정읍 사계리

6-27-7. 사계리

6-27-8. 제주도 서귀포시 대천동 약근천 하구

6-27-9. 약근천하구

6-27-10. 제주도 서귀포시 성산읍 고성리 광치기해변

6-27-11. 광치기해변

6-27-12. 제주도 제주시 우도면 조일리 검멀레해변

28 석호 潟湖 lagoon

원래 바다였던 해역이 사주나 산호초에 의해 분리되어 독립된 수역으로 존재하는 호수다. 그러나 완전히 폐쇄된 호수는 아니며 조수통로(tidal inlet)를 통해 바다와 연결되어 있고 육지로부터는 담수가 흘러들어와 담수와 염수가 뒤섞여 있는 것이 보통이다. 이를 기수(汽水, brackish water)라고 한다. 기수 중에서는 농업용수로 사용할 수 있을 정도로 염분 농도가 낮은 경우도 있다. 성인에 따라 사주에 의한 것은 연안석호(coastal lagoon), 산호초에 의한 것은 환초석호(atoll lagoon)로 구분한다. 연안석호 중 강하구에 일시적으로 발달하는 것은 강하구석호(river mouth lagoon)라 부른다. 우리나라에서 관찰되는 석호는 대부분 연안석호다. 한편 인공적으로 만들어진 석호는 인공석호라고 해서 따로 구분하기도 한다.

연안석호

6-28-1. 강원도 강릉시 주문진읍 향호리 향호

6-28-2. 강원도 고성군 거진읍 화포리 화진포호   6-28-3. 강원도 고성군 죽왕면 오봉리 송지호

6-28-4. 강원도 속초시 장사동 영랑호
6-28-5. 영랑호

6-28-6. 강원도 속초시 청호동 청초호
6-28-7. 청초호

6-28-8. 강원도 강릉시 연곡
면 연곡천 하구

29 해협 海峽 strait

육지와 육지 사이에 위치한 폭이 좁고 긴 형태의 바다다. 순우리말로는 샛바다라고도 한다. 보통 목[항項], 도(渡, 濤) 등이 붙은 지명은 대개 해협에 해당된다. 단층이나 습곡과 같은 구조운동, 지반의 침강 및 해수면 상승에 따른 침수현상 등에 의해 형성된다. 우리나라에서는 강화해협(염하), 명량해협(울돌목), 대한해협 등이 대표적인 예이다. 경상남도 통영의 통영운하는 원래는 해협이 아니었지만 운하가 만들어짐으로써 현재는 해협의 형태를 띠기도 한다.

6-29-1. 인천시 강화군과 경기도 김포시 일대 강화해협
해협의 입구에 해당되는 남쪽 초지리에서 북쪽을 바라본 경관이다. 강화해협은 남쪽의 초지리에서 북쪽의 월곶리까지 길이 약 20km, 폭 200m~1km에 달한다. 북쪽에는 강화대교, 남쪽에는 초지대교가 놓여 있다. 보통 염하라고도 하는데 이는 프랑스 군인들이 '소금의 강'이라고 불렀던 것을 일본이 한자식으로 번역해 쓰기 시작한 것이다. 강화해협 북쪽은 조강(한강과 임진강이 만나는 한강 하구)과 이어져 있으므로 염하라는 지명은 지형학적으로는 의미가 있는 개념이다. 강화해협 중에서도 특히 폭이 좁고 조류가 빠른 곳이 손돌목이다. 손돌목은 김포시 대곶면 신안리 덕포진과 강화군 광성보 사이 구간으로 이곳에는 용두돈대, 손돌목돈대가 조성되어 있다.

6-29-2. 강화해협
손돌목 부근 경관이다.

6-29-3. 강화해협
손돌목에서 북쪽을 바라본 경관이다.

6-29-4. 강화해협
손돌목에서 남쪽을 바라본 경관이다.

6-29-5. 전라남도 해남군과 진도군 일대 명량해협 (출처: 한국관광공사)
우리말로는 울돌목이라 한다. 가장 좁은 곳은 폭 330m에 불과하며 다른 해역이 수심 20m정도인데 반해 이곳은 상대적으로 수심도 2m밖에 되지 않아 갑자기 유속이 빨라진다. 이러한 지리적 위치를 전략적으로 이용해 전쟁을 승리로 이끈 것이 이순신장군의 명량해전이다. 지금은 이곳에 진도대교가 놓여 있다. 명량해협은 남해와 서해를 연결하는 가장 가까운 수로이기도 하다.

6-29-6. 명량해협 (출처: 한국관광공사)
진도대교를 기점으로 사진 오른쪽은 남해, 왼쪽은 서해로 이어진다.

6-29-7. 충청남도 태안군 근흥면 안흥해협

안흥반도와 신진도 사이 해역이다. 규모는 작지만 해협의 개념을 체험하기에는 충분한 곳이다. 사진은 해협의 남쪽에서 북쪽을 바라본 경관이다. 아래쪽 다리는 안흥나래교, 위쪽 다리는 신진대교다. 이곳도 강화해협처럼 조류가 빠르게 흐른다.

6-29-8. 경상남도 통영시 통영운하

인위적으로 만들어진 운하이지만 지형적으로는 전형적인 해협 경관을 보여 준다.

30 조수웅덩이 潮水웅덩이 tide pool

밀물 때는 물에 잠기고 썰물 때는 물이 고여 있는 바닷가 웅덩이다. 주로 암석의 구조적 요인과 풍화, 침식이 복합적으로 작용하여 만들어진다. 화산암 해안에서 많이 관찰되는데 이는 용암이 흐르면서 구조적으로 큰 웅덩이가 만들어질 가능성이 높기 때문이다. 지역적으로는 대부분 제주도 조간대에 분포한다. 조수웅덩이 중에서도 규모가 큰 것은 다양한 바다생물이 살아가는 특별한 서식 환경으로 주목받고 있다.

6-30-1. 제주도 서귀포 대정읍 신도리 도구리알해안
도구리알은 제주도 말로 '돼지먹이통'이라는 뜻이다. 이곳 해안에는 돼지먹이통의 수십 배가 되는 커다란 조수웅덩이들이 발달해 있다.

6-30-2. 제주도 서귀포시 서홍동 황우지해안
지역 주민들이나 여행자들의 천연 풀장으로 이용된다.

6-30-3. 제주도 서귀포시 보목동 소천지
백두산 천지를 축소해 놓은 모양이라고 해서 붙여진 지명이다. 맑은 날이면 웅덩이에 비친 한라산의 반영을 찍을 수 있어 사진작가들이 즐겨 찾는 곳이기도 하다.

6-30-4. 제주도 서귀포시 예래동

31 갯샘 tidal flat spring

해안지대에서 밀물 때는 바닷물 속에 잠기고 썰물 때는 드러나는 샘물이다. 바닷물이 빠진 직후에는 샘물의 염도가 바닷물처럼 높지만 점차 시간이 지나고 땅속에서 물이 계속 솟아 나오면 염도는 민물처럼 0에 가까워진다. 이러한 특성 때문에 갯샘은 상수도가 보급되기 전에는 지역주민들의 식수 및 생활 용수로 이용되었다. 갯샘은 해안 배후산지로부터 스며든 지하수가 땅속으로 흐르다가 해안에 가까운 갯벌 한가운데에서 솟아나면서 만들어진다. 갯샘이 솟아나는 곳의 특징은 겉은 펄로 되어 있지만 조금만 파고 내려가면 황토가 드러난다는 것이다. 이는 과거 해수면이 지금보다 낮았던 시기에는 해안 대부분의 갯벌지대가 육지로 존재했었다는 것을 의미한다.

6-31-1. 전라남도 진도군 임회면 죽림리 강계마을
6-31-2. 강계마을

6-31-3. 강계마을
6-31-4. 강계마을

제7장

카르스트지형

01 돌리네 doline

석회암의 용식작용 또는 석회동굴의 함몰로 발달하는 원형 혹은 타원형의 와지이다. 돌리네가 연합된 것을 우발라, 우발라보다 큰 규모의 용식분지를 폴리에라고 한다. 돌리네, 우발라, 폴리에를 하나로 묶은 포괄적 개념으로 용식와지라는 용어가 쓰이기도 한다. 우리말로 돌리네는 숯가마, 쇠구뎅, 덕, 구단, 가메 등으로 불리며 우발라는 함지개, 장재구지, 말개미 등으로 불린다. 돌리네는 농사를 짓기 위해 매립되거나 석회암 채석으로 많이 사라져 야외에서 전형적인 돌리네를 관찰하기는 쉽지 않다.

7-1-1. 강원도 동해시 천곡동 천곡황금박쥐동굴
천곡동 돌리네 지하에는 천곡황금박쥐동굴이 있다. 돌리네가 동굴 위에 형성되어 있는 것으로 국내에서는 매우 희귀한 사례다. 이러한 조건에서는 이차적으로 함몰돌리네가 발달할 확률이 매우 높다.

7-1-2. 강원도 삼척시 노곡면 여삼리
한국에서 규모가 가장 큰 돌리네가 관찰되는 곳으로 마을 자체가 하나의 돌리네 안에 들어서 있다. 농사를 짓기 위해 돌리네를 매립함으로써 그 규모는 많이 축소되었지만 전체적 윤곽은 비교적 뚜렷하게 남아 있다.

7-1-3. 여삼리

7-1-5. 발구덕마을
사진 오른쪽으로 민둥산이 있다.

7-1-4. 강원도 정선군 남면 무릉리 발구덕마을
발구덕은 '여덟 개의 구멍'이라는 뜻이다. 마을 자체가 돌리네가 연합된 땅에 들어서 있다는 의미다. 발구덕 마을의 배후산지가 바로 가을 억새로 유명한 민둥산이다.

7-1-6. 강원도 정선군 임계면 가목리 백봉령 카르스트 지대
해발 780m의 백봉령 북서쪽 사면에 발달한 돌리네군이다. 다른 지역과 달리 자연상태 그대로 카르스트 지형들이 발달한 곳으로 그 보존적 가치를 인정받아 천연기념물(440호)로 지정되었다.

7-1-7. 충청북도 단양군 어상천면 무두리
무두리마을은 폴리에 지형에 들어선 마을이다. 돌리네와 달리 길게 골짜기를 이루고 있는 것이 특징이다.

7-1-8. 충청북도 단양군 가곡면 여천리
우리나라에서는 돌리네 밀집도가 매우 높은 지역 중 하나다. 석회암 채석으로 인해 상당수의 돌리네가 사라졌지만 여전히 전형적인 돌리네들이 마을 곳곳에 존재한다.

1	
2	3

02 카렌 karren

석회암의 차별용식작용으로 형성된 돌기둥이다. 라피에(lapies)라고도 한다. 우리말로는 호석, 구지, 용식구, 석탑원 등으로 불린다. 대략 11개 유형으로 분류되는데 우리나라에서는 ① 호그백카렌(Hog-back), ② 데켄카렌(Decken), ③ 해안카렌 등이 관찰된다. 호그백은 지하에서 만들어진 석회암 기둥이 자연적으로 노출된 것으로 석회암 풍화토인 테라로사로 둘러싸여 있는 것이 보통이다. 호그백은 원래 카렌의 표면이 돼지의 등(돈배상 豚背狀)처럼 부드럽다고 해서 붙여진 이름이지만 꼭 그런 것은 아니다. 데켄카렌은 땅속의 카렌이 인위적으로 노출된 것으로 보통 시멘트 공장의 채석이나 건축 공사 과정에서 드러난다. 'Decken'은 독일어로 '숨기다'라는 의미다. 해안카렌은 해수의 용식작용으로 만들어진 것이다.

호그백카렌

7-2-1. 강원도 영월군 한반도면 옹정리 옹정소공원
카렌 경관을 이용해 하나의 작은 공원을 만들었다. 일종의 카르스트 공원이다.

7-2-2. 강원도 정선군 남면 무릉리 발구덕마을
7-2-3. 발구덕마을

7-2-4. 충청북도 단양군 매포읍 하괴리 남한강 도담삼봉
도담삼봉은 지표에서 주로 하천의 침식과 용식작용에 의해 형성된 것이므로 메커니즘 면에서는 '해안카렌'과 유사하다고 할 수 있다. 이러한 유형에 대해서는 별도의 새로운 명칭을 발굴해서 통합적으로 사용해야 할 것이다.

7-2-5. 충청북도 단양군 어상천면 무두리
일부는 농경지를 개간하는 과정에서 노출된 것도 있으므로 부분적으로는 '데켄카렌'에 해당되기도 한다.

데켄카렌

7-2-6. 강원도 영월군 한반도면 옹정리 큐브존리조트
리조트 건설 공사 현장에서 드러난 카렌을 훼손시키지 않고 그대로 리조트 조경석으로 활용하고 있다.

7-2-7. 경상북도 문경시 호계면 별암리 문경대학교 오정산 바위공원
1994년 문경대학교 건축공사장에서 발굴된 카렌을 활용하여 캠퍼스 공원으로 조성했다.

7-2-8. 오정산 바위공원

7-2-9. 충청북도 제천시 금성면 월굴리 금월봉
아시아시멘트공장에서 사용할 점토(테라로사)를 채석하는 과정에서 드러난 카렌이다. 지금은 제천의 대표적 관광지가 되었다.

해안카렌

7-2-10. 강원도 동해시 북평동 추암해변

세계의 지형 해안카렌

7-2-11. 베트남 할롱베이의 해안카렌
집단적 의미로는 탑카르스트로 볼 수 있다.

03 자연교 自然橋 natural bridge

풍화와 침식작용으로 만들어진 아치 형태의 암석지형이다. 자연교라는 개념은 큰 범주에서는 석회암 지역의 용식 자연교, 건조 사막지역의 풍식 자연교, 해안지역의 해식 자연교(시아치) 등을 포괄하지만 카르스트 지형에서는 용식 자연교를 지칭한다. 용식 자연교는 성인에 따라 하천의 직접적인 용식작용에 의한 용식 자연교, 지하 동굴의 함몰에 의한 함몰 자연교로 구분된다.

용식 자연교

7-3-1. 강원도 태백시 구문소동 구문소
감입곡류 구간을 흐르던 황지천이 곡류목에서 지하 용식작용을 일으켜 형성된 자연교이다.
7-3-2. 구문소

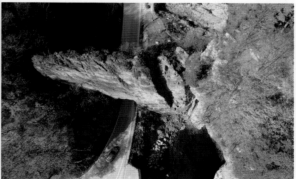

함몰 자연교

7-3-3. 충청북도 단양군 매포읍 하괴리 석문
지하에서 형성된 동굴의 천정부가 함몰되면서 그 일부가 남은 자연교이다.
7-3-4. 석문

04 싱킹크리크 singking creek

지표를 흐르던 물이 지하로 연결된 구멍 즉 싱크홀을 통해 갑자기 사라지는 하천이다. 싱크홀이 존재하는 하천의 하류 구간은 비가 많이 오면 물이 흐르지만 강수량이 적을 경우에는 마른 하천으로 존재한다. 땅속으로 사라졌던 하천은 동굴을 통해 흐르다가 다시 다른 장소에서 용천 형태로 솟아나 지표로 흐르기도 한다.

7-4-1. 강원도 삼척시 노곡면 하월산리
하천은 오른쪽에 왼쪽으로 흐른다. 상류에서 계속 물이 흘러 내려오지만 사진 중간쯤에 있는 싱크홀로 물은 이내 사라지기 때문에 왼쪽인 하류 쪽으로는 물이 더 이상 흐르지 않는다. 이 마을 땅속에는 동굴이 존재하는데 이 동굴은 인근 초당동굴로 이어지는 것으로 알려져 있다.

7-4-2. 하월산리
사진 뒤쪽으로 보이는 곳이 물이 흐르지 않는 건천이다. 비가 많이 오면 이 건천에도 잠시 물이 흐르지만 이내 말라 버린다.

05 포노르 ponor

석회암지역에서 지표의 물이 땅속으로 스며드는 구멍이다. 스왈로홀(swallow hole), 싱크홀(sink-hole)로도 불리지만 이 둘은 넓은 의미에서 돌리네와 같은 뜻으로도 쓰이기 때문에 주의해야 한다. 포노르는 지표의 차별적인 용식작용, 동굴의 붕괴 등으로 인해 만들어진다. 석회암지역은 다른 지역에 비해 하천이 잘 발달하지 못하는데 이는 곳곳에 포노르가 있어 물 대부분이 땅속으로 스며들기 때문이다. 오목한 지형인 돌리네에 물이 고이지 않는 것도 돌리네 속에 포노르가 존재하기 때문이다. 그러나 포노르 위에 퇴적물이 쌓여 더 이상 물이 빠지지 않으면 돌리네는 습지 환경으로 바뀐다. 돌리네 규모가 큰 곳에서는 포노르를 인위적으로 메꿔 농경지로 활용하기도 한다.

7-5-1. 강원도 정선군 남면 무릉리 발구덕마을   7-5-2. 강원도 평창군 미탄면 한탄리

7-5-3. 경상북도 문경시 산북면 운곡리 문경돌리네습지

06 카르스트용천 카르스트湧泉 karst spring

석회암지역에서 자연적으로 지표로 솟아나는 샘이다. 대부분의 카르스트 용천은 동굴하천에서 비롯되는 것으로 석회암 지역의 지표를 흐르다가 돌리네나 포노르를 통해 땅속으로 스며든 싱킹크리크의 물이 다시 지표로 솟아나는 것이다. 일반적인 용천에 비해 수량이 상당히 많은 것이 특징이다. 석회암이 넓게 분포하는 강원도 남부, 충청북도 북부, 경상북도 북부 등지에서 관찰된다.

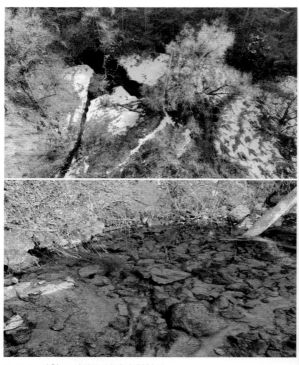

7-6-1. 강원도 정선군 임계면 혈천리
현지에서는 혈천동으로 불리는 용천이다. 마을 이름도
이 혈천동에서 유래된 것으로 보인다.

7-6-2. 혈천리

7-6-3. 강원도 태백시 창죽동 금대봉 검룡소 (촬영: 황관식)
한강의 발원지로 알려져 있다.

7-6-4. 충청북도 단양군 어상천면 무두리

07 동굴하천 洞窟河川 cave river

지표면의 하천수나 지하수가 유입되어 동굴 내부를 따라 흐르는 하천이다. 석회암 지역의 지표면을 흐르던 하천이 지하로 갑자기 스며들어 소멸되는 하천을 싱킹크리크라고 하는데 대부분의 동굴하천은 이 싱킹크리크에서 기인한다. 동굴이 끝나는 지점에서는 다시 동굴하천이 동굴 밖으로 빠져나가면서 또 다른 하천의 발원지 역할을 한다. 동굴하천이 흐른다는 것은 용식작용에 의해 동굴지형이 활발하게 형성되고 있음을 의미하는데 이러한 동굴을 '살아 있는 동굴(active river cave)', 상대적으로 동굴하천이 미약하여 동굴지형 발달이 멈춘 경우를 '죽은 동굴(dead cave)'이라 부른다.

7-7-1. 강원도 삼척시 신기면 대이리 환선굴
7-7-2. 환선굴 입구
동굴하천이 빠져나오는 동굴 입구는 또 다른 하천의 발원지가 된다. 삼척 오십천의 지류인 무릉천이 바로 이곳 환선굴에서부터 시작된다.

7-7-3. 강원도 동해시 천곡동 천곡황금박쥐동굴

08 동굴폭포 洞窟瀑布 cave falls

　동굴 내부를 흐르는 하천이나 지하수에 의해 발달한 폭포다. 성인에 따라 ① 지하수폭포, ② 하천폭포로 구분할 수 있다. 지하수폭포는 동굴벽에 뚫린 가지굴로부터 유입되는 지하수가 동굴하천과 불협화적으로 만나면서 발달한다. 이는 마치 빙하지역에서 U자형의 빙식계곡 측면에 형성된 현곡(hanging vally)으로부터 떨어지는 물이 폭포를 이루는 것과 같은 이치다. 하천폭포는 동굴하천의 바닥 경사가 갑자기 급해지는 경우에 발달한다. 탄산칼슘이 집적되어 만들어진 석회화단구 구간을 지나는 하천은 대부분 폭포를 이룬다.

지하수폭포

7-8-1. 강원도 삼척시 신기면 대이리 환선굴
본동굴의 측벽에 발달한 가지굴로부터 지하수가 쏟아져 내리면서 동굴폭포를 이루고 있다.

하천폭포

7-8-2. 환선굴
동굴하천 바닥에 탄산칼슘이 쌓이면 계단 모양의 석회화단구가 만들어지고 이로 인해 이 구간에서는 급류성 폭포가 형성된다.

09 용식공 溶蝕孔 pocket

동굴 천장에 형성된 종(鐘) 모양의 구멍이다. 동굴 천장을 따라 내부로 스며드는 지하수의 용식작용으로 만들어진다. 용식천장, 벨홀(bell hole), 종호(鐘壺), 천정용식대, 캐비티 등으로도 불린다. 석회암의 대표적 용식지형인 돌리네가 수십 혹은 수백분의 일로 축소되어 석회동굴 천정에 거꾸로 박혀 있다고 생각하면 이해하기 쉽다. 이러한 용식공이 모여 울퉁불퉁해진 표면을 스펀지웍(spongework)이라고 한다. 전체적으로 마치 달걀판을 거꾸로 붙여 놓은 것 같은 모양이다.

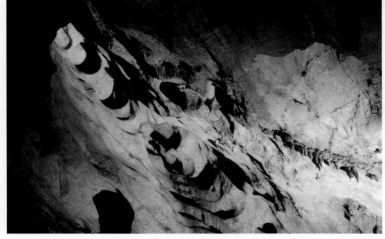

7-9-1. 강원도 삼척시 신기면 대이리 환선굴
7-9-2. 환선굴

7-9-3. 강원도 영월군 김삿갓면 진별리 고씨굴
7-9-4. 강원도 태백시 화전동 용연동굴

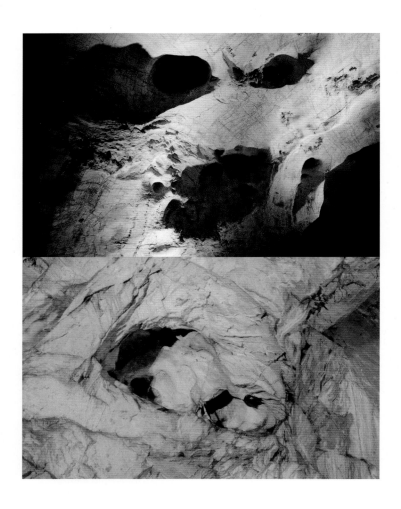

세계의 지형 **용식공**

7-9-5. 베트남 할롱베이 승솟동굴
전형적인 스펀지웍이 발달해 있다.

10 펜던트 pendant

　동굴천정으로 스며드는 지하수의 용식작용으로 용식공 등이 발달하는 과정에서 차별적 용식이 진행되어 발달하는 미지형이다. 동굴 천정의 용식공이 '거꾸로 매달린 돌리네' 모양이라면 펜던트는 용식공들이 발달하는 과정에서 차별용식으로 남아 있는 '거꾸로 매달린 카렌'이라 생각하면 이해하기 쉽다. 펜던트를 흔히 종유석으로 오해하는 경우가 있지만 종유석과는 전혀 다른 메커니즘으로 발달한다. 펜던트는 지하수의 일차적인 용식작용에 의해 발달한 잔존지형이고, 종유석은 물속에 녹아 있는 탄산칼슘이 이차적인 침전작용에 의해 형성된 것이다.

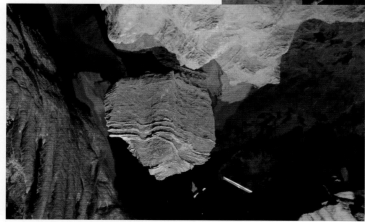

7-10-1. 강원도 동해시 천곡동 천곡황금박쥐동굴
7-10-2. 천곡황금박쥐동굴

269

11 침식붕 浸蝕棚 cave terrace

동굴하천의 용식 및 침식작용에 의해 동굴하천 측면부에 선반 모양으로 발달한 미지형이다. 침식선반 이라고도 한다. 현재 동굴하천이 흐르지 않는 곳에 존재하는 침식붕은 과거의 동굴하천과 관련되어 만 들어진 일종의 유물지형이다. 국내 석회동굴에서의 사례는 그리 많지 않고 강원도 동해시 천곡황금박 쥐동굴에서 일부 관찰된다.

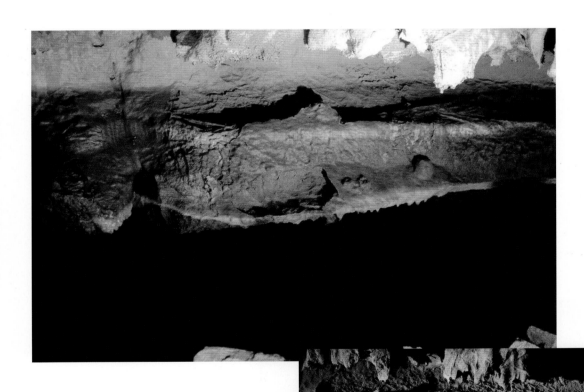

7-11-1. 강원도 동해시 천곡동 천곡황금박쥐동굴
7-11-2. 천곡황금박쥐동굴

12 동굴퇴적층 洞窟堆積層 cave deposit

석회동굴에서 동굴하천이나 동굴호수와 관련하여 퇴적물이 쌓인 지층이다. 퇴적물은 석회동굴 자체에서 공급되기도 하고 외부에서 유입되기도 한다. 대부분 미세한 점토질이나 실트질로 구성되어 있다. 일부에서는 동굴침전물(스펠레오뎀, speleothem)을 동굴퇴적물로 번역해 놓은 경우가 있는데 이는 잘못된 표현이다. '침전'은 단순히 물속에 들어 있던 물질이 바닥에 가라앉는 개념이 아니라 물속에 '화학적으로 녹아 있던' 탄산칼슘이 결정작용(結晶作用, crystallizaion)을 일으킨 후에 집적되는 현상이기 때문이다. 반면 '퇴적'은 '물리적으로 물속에 섞여 있던' 물질이 단순히 그 무게 때문에 바닥에 가라앉는 것을 말한다.

7-12-1. 강원도 삼척시 신기면 대이리 환선굴
현장에서는 '만리장성'이라 불린다.
7-12-2. 환선굴

13 종유관 鐘乳管 straw stalactite

　동굴침전물(스펠레오뎀, speleothem)의 하나다. 동굴침전물은 물속이나 공기 중에 녹아 있던 탄산칼슘이 수온 변화 등에 의해 침전된 것이다. 석회동굴의 용식과 침전에 관여하는 것은 탄산가스 함유량이다. 즉 물의 온도가 낮으면 탄산가스가 더 많이 포함되면서 용식이 진행되고, 반대로 수온이 높아지면 탄산가스가 빠져나가면서 침전이 일어난다. 침전 양상에 따라 물방울이 맺혀 침전되는 점적석(點積石)과 물이 흐르면서 침전되는 유석(流石)으로 구분된다. 종유관은 점적석의 가장 기본적인 형태다. 종유관은 빨대처럼 속이 비어 있는 것이 특징인데 시간이 지나면 빈 공간이 탄산칼슘으로 채워지면서 점차 종유석으로 바뀐다. 짚종유석, 관상종유석이라고도 한다. 탄산칼슘 자체는 유백색이지만 여기에 불순물이 섞이게 되면 검정색, 갈색, 황색 등 다양한 색의 종유관이나 종유석이 발달한다.

7-13-2. 충청북도 단양군 단양읍 천동리 천동굴

7-13-1. 강원도 동해시 천곡동 천곡황금박쥐동굴

14 종유석 鐘乳石 stalactite

동굴천장에서 탄산칼슘을 포함한 물방울이 떨어질 때 그 속에 포함되어 있던 탄산칼슘이 침전되어 마치 고드름처럼 아래쪽으로 성장하는 동굴침전물이다. 종유석의 영어명 스탤럭타이트(stalactite)는 '물방울에 의해 만들어진 돌'이라는 의미다. 초기 단계에서는 빨대처럼 속이 빈 종유관이 발달하고 시간이 지나면 그 속이 탄산칼슘으로 채워지면서 거대한 종유석이 만들어진다.

7-14-1. 강원도 동해시 천곡동 천곡황금박쥐동굴

7-14-2. 강원도 삼척시 신기면 대이리 환선굴

7-14-4. 충청북도 단양군 단양읍 천동리 천동굴

7-14-3. 경상북도 울진군 근남면 노음리 성류굴
종유석이 물속에 잠긴 것으로 보아 종유석이 발달한 후 지하수가 유입되어 동굴호수가 형성된 것으로 추정된다.

세계의 지형 **종유석**

7-14-5. 일본 이시가키종유동굴
종유석이 횡적으로 연결되어 커튼종유석처럼 보인다.

15 커튼종유석 커튼鐘乳石 limestone curtain

　동굴 천정이나 벽에 커튼 모양으로 침전된 동굴침전물이다. 동굴침전물은 탄산칼슘의 침전 형태에 따라 물방울에 의한 점적석과 유수에 의한 유석으로 구분되는데 커튼종유석은 점적석과 유석의 중간 형태에 해당된다. 물이 동굴 천정이나 벽을 따라 넓게 퍼지면서 떨어지거나 흘러내릴 경우 발달한다. 석회막, 종유커튼, 포상종유석, 베이컨 시트 등으로도 불린다. 베이컨 시트는 얇고 넓적한 커튼종유석에 불을 비췄을 때 그 침전 무늬가 삼겹살처럼 보인다고 해서 붙여진 이름이다. 원래 탄산칼슘은 순백색이지만 삼겹살 형태의 붉은색이나 적갈색 무늬가 나타나는 것은 불순물이 섞여 함께 침전되었기 때문이다. 커튼종유석에서 보이는 수평 무늬는 침전 당시의 동굴환경을 나타내는 것으로 나무의 나이테와 같은 것이다.

7-15-1. 강원도 동해시 천곡동 천곡황금박쥐동굴

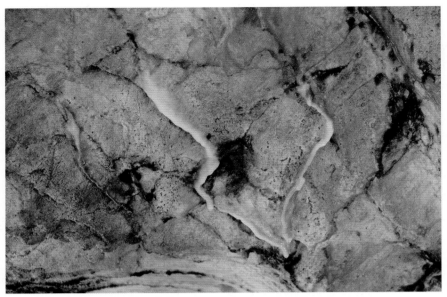

7-15-2. 강원도 태백시 화전동 용연동굴

동굴 천정에 형성된 커튼종유석의 초기 단계 모습이다. 아직 불순물이 섞이지 않아 유백색의 탄산칼슘이 침전되고 있다.

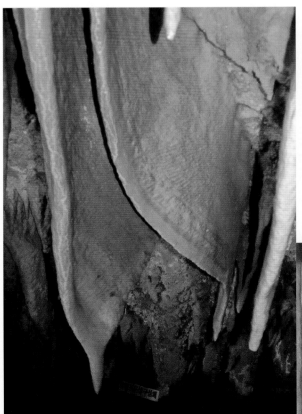

7-15-3. 충청북도 단양군 단양읍 천동리 천동굴
7-15-4. 천동굴

16 석순 石筍 stalagmite

탄산칼슘을 포함한 물방울이 동굴 천장이나 종유석 끝에서 떨어지는 바닥 지점에 탄산칼슘이 침전되어 위쪽으로 성장하는 동굴침전물이다. 물방울의 형태나 양에 따라 다양한 모양과 크기의 석순이 형성된다. 종유석은 그 단면을 잘라 보면 종유관 시절에 존재하던 빈 공간이 남아 있지만 석순의 경우는 그런 흔적이 없는 것이 특징이다.

7-16-1. 강원도 삼척시 신기면 대이리 대금굴
국내에서 가장 큰 석순이다. 굵기는 1cm, 길이는 5m에 달한다. 거의 천장에 닿게 되어 마치 석주와 같은 형태를 하고 있다.

7-16-2. 강원도 삼척시 신기면 대이리 환선굴
물방울이 동시다발적으로 떨어지면서 넓적한 모양의 석순이 발달한 것이다.

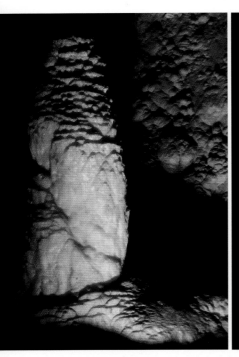
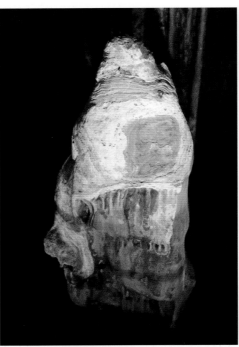

7-16-3. 강원도 정선군 화암면 화암리 화암굴

7-16-4. 경상북도 울진군 근남면 노음리 성류굴

7-16-5. 충청북도 단양군 단양읍 천동리 천동굴

세계의 지형 **석순**

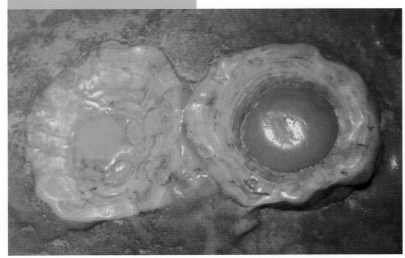

7-16-6. 미국 버지니아주 루레이동굴
에그프라이 석순으로 불린다.

17 석주 石柱 stalactic column

　동굴의 천정과 바닥을 연결하는 기둥 모양의 침전물이다. 천정에서 발달하는 종유석과 바닥에서부터 위로 성장하는 석순이 만나 하나의 석주가 형성되는 것이 일반적이지만 종유석이나 석순이 각각 독자적으로 성장해서 발달하기도 한다. 일단 어떤 형태로든 석주가 만들어지면 동굴 천정의 물은 석주를 따라 흘러내리면서 일종의 유석이 만들어진다. 따라서 오래된 석주는 점적석과 유석의 특징이 복합된 경우가 많다.

7-17-1. 강원도 동해시 천곡동 천곡황금박쥐동굴

7-17-2. 강원도 태백시 화전동 용연동굴

7-17-3. 경북 울진군 근남면 노음리 성류굴

거대한 석주 안에서 또 다른 형태의 다양한 스펠레오뎀들이 형성되고 있다. 중간쯤에는 지진으로 갈라진 균열이 보인다. 지진을 연구하는 데 있어 동굴지형은 주요한 근거자료가 되기도 한다.

7-17-4. 충청북도 단양군 단양읍 천동리 천동굴

18 유석 流石 flowstone

　동굴침전물의 하나다. 지하수가 동굴벽을 따라 흘러내리면서 그 속에 함유된 탄산칼슘이 침전되어 만들어진다. 처음부터 유석으로 발달하는 경우도 있지만 종유석이나 커튼종유석이 수평으로 확장되어 동굴벽과 만나면서 새로운 형태의 유석이 형성되기도 한다. 유석 중에서도 거의 수직적인 형태로 발달한 것을 종유폭포(stalactite waterfall)라고 해서 따로 구분한다. 그 모양이 마치 하천의 폭포처럼 보이기 때문에 붙여진 이름인데 수직조흔(垂直條痕, verticality waterfall)이라고도 한다. 그러나 유석과 종유폭포가 명쾌하게 구분되지는 않는다.

7-18-1. 강원도 동해시 천곡동 천곡황금박쥐동굴
왼쪽은 일반적인 유석이고 오른쪽은 종유폭포에 가깝다. 이렇듯 사실상 두 지형을 명확히 구분하기는 어렵다.

7-18-2. 강원도 삼척시 신기면 대이리 환선굴

7-18-3. 강원도 태백시 화전동 용연동굴

유석 발달의 초기형태다. 왼쪽 긴 형태의 유석은 종유폭포로 발달할 가능성이 높다.

7-18-4. 강원도 정선군 화암면 화암리 화암굴

국내 최대 규모의 종유폭포로 알려져 있다.

7-18-5. 강원도 태백시 화전동 용연동굴
7-18-6. 경상북도 울진군 근남면 노음리 성류굴

세계의 지형 **종유폭포**

7-18-7. 일본 이시가키종유동굴

19 휴석소 畦石沼 rimstone pond, rimpool

　동굴 바닥이나 지표면을 따라 흐르는 물에 의해 탄산칼슘이 침전되어 휴석(畦石, rimstone)이 만들어지고 여기에 물이 고여 형성된 웅덩이 모양의 지형이다. 그 모습은 마치 '다랑이논'을 축소해 놓은 것과 비슷하다. 제석소(提石沼)라고도 한다. 휴석에서 휴(畦)는 논이나 밭의 경계를 이루는 두둑을 말한다. 휴석소에서는 물의 표면을 따라 얇은 판 모양으로 침전이 일어나 붕암(shelfstone)이 만들어지고, 물속에서는 포도송이 모양의 포도상구상체(botryoid)가 발달하기도 한다. 시간이 지나면서 휴석소 바닥에 탄산칼슘이 침전되면 상대적으로 수심은 얕아지고 최종적으로는 석회화단구(travertine terrace)라 불리는 계단상의 침전지형이 형성된다.

7-19-1. 강원도 동해서 천곡동 천곡황금박쥐동굴

7-19-2. 강원도 태백시 화전동 용연동굴
7-19-3. 용연동굴
휴석소 하단부는 일종의 석회화단구 형태로 변해 있다.

7-19-4. 강원도 삼척시 신기면 대이리 대금굴

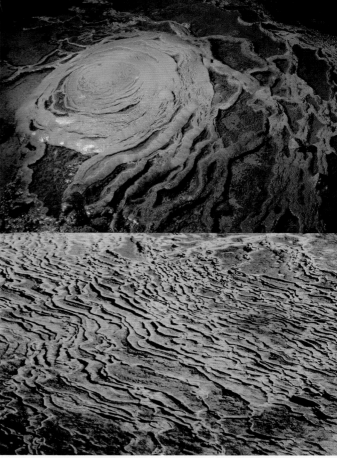

7-19-5. 강원도 삼척시 신기면 대이리 환선굴
7-19-6. 환선굴
이 휴석소는 그 형태와 관련하여 '만마지기 논두렁'이라는 이름으로
불린다. 마지기는 보통 한 말의 종자가 뿌려지는 농지 규모를 말한다.

7-19-7. 충청북도 단양군 단양읍 고수리 고수굴
7-19-8. 충청북도 단양군 단양읍 노동리 노동굴
휴석소 안쪽 표면으로는 붕암이, 휴석소 바닥에서는 포도상구상체가 자라고 있다.

7-19-9. 라오스 루앙프라방 콩시폭포
7-19-10. 튀르키예 파묵칼레
7-19-11. 일본 오키나와 옥천동굴

1	
2	3

7-19-12. 미국 요세미티국립공원 맘모스핫스프링스

20 동굴산호 洞窟珊瑚 cave coral

동굴침전물의 하나다. 다양한 요인에 의해 탄산칼슘이 열대 바다의 산호와 같은 형태로 침전되어 발달한다. 그 생긴 모양 때문에 동굴 팝콘으로 부르기도 한다. 주로 동굴 천정에서 석순을 만들 수 있는 정도를 넘어선 강한 물방울이 떨어져 주변으로 튀기면서 만들어진다. 때로는 물속에서 형성되는 경우도 있다. 같은 메커니즘으로 발달하지만 그 모양이 포도송이를 닮은 것은 포도상구상체라고 해서 따로 구분한다.

동굴산호

7-20-1. 강원도 태백시 화전동 용연동굴

7-20-2. 경상북도 울진군 근남면 노음리 성류굴
7-20-3. 충청북도 단양군 단양읍 천동리 천동굴

포도상구상체

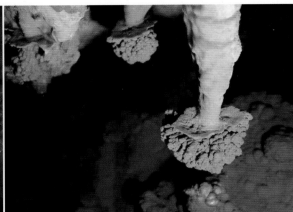

7-20-4. 충청북도 단양군 단양읍 천동리 천동굴

7-20-5. 천동굴

21 석화 石花 anthodite

　동굴 벽면이나 천장에서 뾰족한 바늘 모양의 아라고나이트(aragonite) 결정들이 불규칙한 방향으로 뻗으면서 마치 꽃처럼 성장하는 동굴 생성물이다. 동굴침전물을 구성하는 탄산칼슘($CaCO_3$)은 대부분 동질이상(同質異像)의 광물인 방해석(calcite)과 아라고나이트로 구성되어 있다. 방해석은 그 결정 형태가 육방정계(직육면체), 아라고나이트는 사방정계(직사면체)로 아라고나이트가 방해석보다 밀도와 경도가 높은 것이 특징이다. 다른 침전물과는 달리 석화는 주로 공기 속의 아라고나이트가 바람에 의해 이동되면서 침전되는 것으로 알려져 있다.

7-21-1. 강원도 정선군 화암면 화암리 화암동굴
7-21-2. 화암동굴

제8장

주빙하지형

01 암괴류 岩塊流 block stream

　　대체로 둥근 형태의 핵석이 노출되어 골짜기를 따라 길게 쌓인 지형이다. 전체적인 모양이 마치 '돌이 강처럼 흐르는 모양'이라고 해서 순수한 우리말로는 돌강으로도 불린다. 산지 정상부 등 경사가 완만한 곳에 퇴적된 것은 암괴원(block field)이라고 해서 따로 구분하지만 그 경계가 명확하지는 않다. 우리나라의 암괴류들은 대부분 과거의 기후환경과 관련하여 만들어진 것이다. 약 1억 년 전(중생대 말~신생대 3기) 한반도가 고온다습한 아열대 기후환경일 때 지하에서 화학적 심층풍화에 의해 다량의 핵석이 형성되고, 약 200만 년 전(신생대 4기) 한랭건조한 주빙하기후 환경에서 두꺼운 풍화물질이 제거되면서 핵석들이 지표로 노출되어 골짜기나 사면에 퇴적되어 만들어졌다. 주빙하기후는 땅이 얼었다 녹았다를 반복하는 기후환경을 말한다. 과거 지구상에 빙하기가 도래했을 때 빙하지대 주변에서 볼 수 있었던 기후 특성이라 이러한 이름이 붙었다. 한반도는 당시 빙하기후를 직접 경험하지는 않았고 주로 주빙하환경하에 놓여 있었다.

8-1-3. 강원도 고성군 토성면 설악산 상봉 (촬영: 박승열)
상봉 정상에 발달한 것으로 암괴원에 해당된다.

8-1-1. 강원도 태백시 태백산 문수봉 (출처: 네이버 블로그 '자연과 함께 놀기')
문수봉 정상 일대에 발달한 이 노두는 암괴원에 해당된다.
8-1-2. 문수봉 (출처: 네이버 블로그 '자연과 함께 놀기')

8-1-4. 강원도 고성군 토성면 학야리 운봉산

8-1-5. 경기도 의정부시 수락산 석림사계곡

운봉산은 내륙에서는 드물게 관찰되는 신생대 3기 현무암으로 되어 있다. 그러한 기반암을 반영하여 암괴의 모양도 주상절리 형태를 유지하고 있다.

8-1-6. 경상남도 밀양시 삼랑진읍 용전리 만어산 만어사암괴류

8-1-7. 만어사암괴류

8-1-8. 광주시 북구 금곡동 덕산너덜 (촬영: 김현진)

너덜이란 암괴류가 산사면에 폭넓게 발달해 있는 경관을 말한다. 일종의 복합암괴류라고 할 수 있다. 덕산너덜은 지공너덜과 함께 무등산의 대표적인 암괴류로 알려져 있다.

81-9. 덕산너덜 (촬영: 김현진)

1	2
3	

8-1-10. 대구시 달성군 유가읍 용리 비슬산암괴류

8-1-11. 비슬산암괴류

8-1-12. 비슬산암괴류 주변에서 발견되는 핵석

땅속에 있는 것도 있고 노출된 것도 있다. 암괴류가 지하에서 형성된 핵석에 의해 발달했음을 보여 주는 결정적 증거가 된다.

02 애추 崖錐 talus

주빙하기후 환경하에서 동결-융해가 반복되는 기계적 풍화작용에 의해 절벽지대의 암석들이 떨어져 나와 사면 아래쪽으로 쌓인 부채꼴 모양의 지형이다. 스크리(scree)라고도 한다. 전통적으로 우리말로는 너덜경, 너덜지대 등으로 불린다. 현재 야외에서 관찰되는 애추는 과거 약 200만 년 전 한반도가 주빙하기후였을 때 만들어진 일종의 유물지형이다. 이러한 지형을 보통 화석지형이라고도 한다. 애추를 구성하는 암석들은 날카롭게 각져 있어 둥근 핵석으로 이루어진 암괴류와는 확연히 구분된다.

8-2-1. 강원도 정선군 화암면 몰운리 정선소금강계곡

8-2-2. 강원도 정선군 남면 문곡리 38호국도변
정선을 지나 태백으로 이어지는 38번 국도에서 '민둥산 쉼터' 약 200미터 직전 오른쪽으로 '테일러스 경관지'라는 표지판이 서 있다. 도로 우측으로는 자동차 5대 정도를 주차할 수 있는 공간이 있다.

8-2-3. 경상남도 밀양시 산내면 남명리 얼음골

8-2-4. 얼음골

세계의 지형 **애추**

8-2-5. 미국 애팔래치아산맥

8-2-6. 미국 알래스카 알리에스카(Alyeska) 피크

8-2-7. 뉴질랜드 남섬 밀퍼드로드

8-2-8. 튀르키예 아피온 카라히사르

03 유상구조토 瘤狀構造土 earth hummock

　구조토(patterned ground)의 일종으로 식생피복에 따른 열전도율의 차에 의해 발달하여 분급현상이 나타나지 않는 것이 특징이다. 구조토는 보통 주빙하기후 환경 아래에서 동결 융해의 반복으로 형성되는 지형을 말하는데 이 중 가장 일반적인 것은 자갈의 분급현상이 뚜렷하게 나타나는 다각형구조토(stone polygon)이다. 우리나라의 구조토는 고산지대를 중심으로 존재하는데 이것이 현재의 기후환경에서 발달한 것인지 아니면 과거 빙하기에 만들어진 유물지형인지는 명확하게 밝혀지지 않았다.

8-3-1. 제주도 한라산 백록담 (촬영: 김태호)
8-3-2. 백록담
8-3-3. 백록담
8-3-4. 백록담

제9장

화산지형

01 분석구 噴石丘 cinder cone

　폭발성 화산 분화로 분출한 화산쇄설물이 분화구 주변에 쌓여 만들어진 화산쇄설구(pyroclastic cone)의 하나다. 화산쇄설구 중 화산체의 기저 직경에 대한 비고율이 5분의 1 정도이고 원뿔 모양을 하고 있다. 주로 육지환경하에서 형성된다. 스코리아콘(scoria cone), 암재구(岩滓丘)라고도 한다. 좁은 의미에서는 주로 어두운색의 현무암질로 되어 있는 것을 암재구, 밝은색의 안산암이나 유문암질로 된 것을 경석구(輕石丘, pumice cone)로 구분하기도 한다. 경석은 물에 뜰 정도로 가볍다는 의미인데 보통 '부석'이라 부르기도 한다. 분석구 중에서 분화구가 없는 것은 스코리아마운드(scoria mound)로 불린다. 제주도 한라산 사면의 측화산(기생화산, 오름)은 대부분 분석구에 해당한다. 형성 연대가 오래되지 않았고 빗물이 잘 빠지는 쇄설물(송이)로 되어 있어 다른 화산지형에 비해 원지형이 잘 보존되어 있다.

9-1-1. 제주도 제주시 구좌읍 김녕리 입산봉

9-1-2. 제주도 제주시 구좌읍 세화리 다랑쉬오름

9-1-3. 제주도 제주시 구좌읍 세화리
너무 작은 지형이기 때문에 특정한 명칭은 없지만 일종의 스코리아마운드에 해당된다.

9-1-4. 제주도 제주시 구좌읍 종달리 용눈이오름

9-1-5. 제주도 제주시 애월읍 봉성리 새별오름

9-1-6. 제주도 제주시 한림읍 협재리 비양봉

9-1-7. 제주도 서귀포시 동홍동 솔오름

│1│2│
│3│4│

9-1-8. 제주도 서귀포시 성산읍 고성리 섭지코지

9-1-9. 섭지코지

9-1-10. 섭지코지

9-1-11. 제주도 서귀포시 안덕면 사계리 형제섬

9-1-12. 제주도 제주시 구좌읍 세화리

9-1-13. 세화리

9-1-14. 제주도 제주시 한림읍 협재리 비양도 비양봉

9-1-15. 비양봉

9-1-16. 제주도 제주시 한경면 고산리 차귀도

02 응회구 凝灰丘 tuff cone

화산쇄설구 중 기저 직경에 대한 높이 비율이 10분의 1 정도이고 넓적한 절구처럼 생긴 지형이다. 분석구가 화산자갈이 쌓인 것이라면 응회구는 화산재가 쌓여 만들어진 것이다. 분석구는 주로 육지환경 하에서, 응회구는 수중환경하에서 발달한 것이라는 점도 다르다. 수중환경에서 형성된 화산은 보통 수성화산(hydro volacno) 혹은 수중화산이라 부른다. 응회구의 분화구 안에서는 또 다른 분석구가 형성되는 경우가 있는데 이를 이중화산이라고 한다.

9-2-1. 제주도 서귀포시 성산읍 성산리 성산일출봉
9-2-2. 성산일출봉

9-2-3. 제주도 서귀포시 안덕면 사계리 단산
오랜 기간의 풍화와 침식으로 응회구의 원형은 사라지고 일부 윤곽만 남아 있다. 일반 여행자들에게 잘 알려지지 않은 곳이지만 지형학적으로는 매우 의미 있는 장소다.

9-2-4. 제주도 서귀포시 우도면 연평리 우도봉
소머리오름이라고도 하는데 소모리오름 중에서 가장 높은 곳을 우도봉이라고 해서 구분하기도 한다. 응회구 안에 또 하나의 분석구가 형성된 이중화산이다.

03 응회환 凝灰環 tuff ring

화산쇄설구 중에서 기저 직경에 대한 높이 비율이 20분의 1 정도이고 넓적한 접시처럼 생긴 지형이다. 같은 화산쇄설구인 분석구가 주로 육지환경에서 형성된 것이라면 응회환은 수중환경에서 강력한 폭발성 분화로 발달한 것이다. 응회구와 함께 응회환은 수성화산(수중화산)에 해당한다. 분석구가 화산자갈이 쌓인 것이라면 응회환은 주로 화산재가 퇴적되어 형성된 화산체다. 응회환 내부에는 또 다른 화산체가 발달해 이중화산을 이루고 있는 경우가 많다.

9-3-1. 제주도 서귀포시 안덕면 사계리 용머리해안
오랜 시간이 흘러 거대한 응회환의 본래 모습은 사라지고 그 일부만 남아 있는 것이 용머리다. 이 용머리를 통해 응회환의 윤곽을 짐작할 뿐이다. 사진 아래쪽으로 돌출된 용머리 위쪽 바다에 응회환이 있었던 것으로 추정한다.

9-3-2. 제주도 서귀포시 호근동 하논분화구
우리나라에서는 가장 완벽하게 응회환의 본래 구조가 그대로 남아 있는 곳이다. 사진 중앙에 거대한 접시 모양의 응회환 윤곽이 뚜렷하다. 하논은 응회환 안에 또 하나의 분석구가 솟아 있는 이중화산체.

9-3-3. 제주도 제주시 한경면 고산리 수월봉 일대
수월봉 응회환도 원래 바닷속에 존재했던 것으로 지금은 수월봉만 그 흔적으로 일부 남아 있고 나머지는 침식되어 사라진 상태다. 사진 중앙 왼쪽의 수월봉, 오른쪽 아래의 와도와 차귀도로 둘러싸인 현재의 바다 부분이 과거 응회환이 존재했던 곳으로 추정되는 곳이다.

9-3-4. 수월봉
수월봉 해안 왼쪽 바다가 과거 응회환이 있었던 곳이다.

ㅇ4 함몰화구 陷沒火口 collapse crater

마그마의 분출로 텅 빈 지하공간이 만들어지고 이 공간으로 땅이 무너져 내려 만들어진 거대한 화구 모양의 지형이다. 우리나라의 대표적인 함몰화구로 알려진 곳은 제주도의 산굼부리다. 과거에는 마르(maar)라고 불리기도 했지만 지금은 함몰화구로 취급한다. 마르는 접시 모양의 분화구인 응회환을 독일에서 부르는 이름이다. 산굼부리의 정상은 주변 평지보다 30m밖에 높지 않지만 분화구 바닥은 정상으로부터 약 130m까지 내려간다. 분화구 깊이가 주변 평지보다 무려 100m나 낮은 것이다. 함몰화구는 칼데라(caldera)와 같은 의미로 쓰이기도 하지만 칼데라는 더 규모가 크고 분지형태를 이루는 것으로 규정하여 따로 구분하는 것이 보통이다.

9-4-1. 제주도 제주시 조천읍 교래리 산굼부리
9-4-2. 산굼부리

05 화구호 火口湖 crater lake

　화산분출로 만들어진 화구에 물이 고인 호수다. 우리나라의 경우 백두산 천지와 한라산 백록담이 가장 대표적인 예이고 한라산 기슭의 측화산인 물장오리오름, 물영아리오름, 사라오름 등에서도 관찰된다. 화구가 함몰되면 칼데라가 만들어지고 여기에 물이 고이면 칼데라호라고 한다. 백두산 천지는 크게 보면 화구호이면서 구체적으로는 칼데라호에 해당된다.

9-5-1. 백두산 천지

9-5-2. 제주도 한라산 백록담
(출처: 문화재청)

9-5-3. 제주도 서귀포시 남원읍 수망리 물영아리오름
9-5-4. 제주도 서귀포시 남원읍 신례리 사라오름

9-5-5. 제주도 제주시 봉개동 물장오리오름 (촬영: 임재영)
9-5-6. 물장오리오름 (촬영: 강창송)

06 칼데라 caldera

    화산분출로 마그마가 빠져나간 지하의 텅 빈 공간, 즉 마그마방으로 분화구 바닥이 무너져 내려 형성된 분지 형태의 화구지형이다. 물이 고여 있는 것을 칼데라호, 물이 없이 분지 형태로 존재하는 것을 칼데라분지라고 한다. 백두산 천지는 칼데라호, 울릉도 나리분지는 칼데라분지에 해당한다. 오랜 시간이 지나면 풍화와 침식으로 칼데라 화산체는 사라지고 그 뿌리에 해당되는 부분만 남는 경우가 있는데 경상북도 의성의 금성산 칼데라가 그 대표적인 예이다.

9-6-1. 경상북도 울릉군 나리분지
9-6-2. 백두산 천지
천지는 칼데라에 물이 고여 있는 칼데라호에 해당한다.

9-6-3. 경상북도 의성군 금성면 탑리리 금성산
지금 현지에서 볼 수 있는 경관은 과거의 칼데라가 침식되고 남은 흔적 중 일부다.

07 이중화산 二重火山 double volcano

하나의 화산체 안에 시기를 달리해서 분출한 또 다른 화산체가 중복되어 있는 화산지형이다. 주로 수성화산체 분화구인 응회환 및 응회구 안에 분석구가 발달한 경우가 많지만 응회환과 응회구가 결합되기도 한다. 울릉도 나리분지는 칼데라분지 안에 분석구인 알봉이 중첩된 또 다른 형태의 이중화산이다.

칼데라분지와 분석구의 결합

9-7-1. 경상북도 울릉군 북면 나리
나리분지와 알봉

응회환과 분석구의 결합

9-7-2. 제주도 서귀포시 대정읍 상모리 송악산
송악산 자체는 응회환이고 그 안에 또 다른 화산체인 분석구가 존재한다.
9-7-3. 송악산 분석구

응회구와 분석구의 결합

9-7-4. 제주도 제주시 우도면 연평리 우도봉
우도봉은 응회구이고 그 안에 분석구가 존재한다.

9-7-5. 우도봉 분석구

응회환과 분석구의 결합

9-7-6. 제주도 제주시 한경면 고산리-용수리 당산봉
당산봉은 응회환이고 그 안에 분석구가 존재한다.

9-7-7. 당산봉

O8 용암원정구 鎔巖圓頂丘 lava dome

점성이 강한 조면암질 안산암 용암이 흘러나와 그 자리에서 굳어져 만들어진 돔 형태의 화산체다. 종상화산 혹은 용암돔이라고도 한다. 화산쇄설구가 폭발성 분화로 만들어진 것이라면 용암원정구는 비폭발성 분화로 형성된 것으로 분화구가 없는 것이 특징이다. 우리나라에서는 제주도 산방산이 가장 대표적인 사례 지형이다. 한라산 정상부도 과거에는 용암원정구였으나 이차적인 폭발성 분화로 백록담이 생기면서 대부분 파괴되어 그 일부만이 한라산 서쪽 정상부에 남아 있을 뿐이다.

9-8-1. 제주도 서귀포시 안덕면 사계리 산방산
9-8-2. 산방산

9-8-3. 제주도 한라산 정상의 용암원정구 잔존지형 (출처: 한국관광공사)
9-8-4. 제주도 한라산 정상의 용암원정구 잔존지형 (촬영: 박상은)
한라산 정상은 용암원정구(종상화산체) 형태를 하고 있지만 그 아래쪽 대부분의 한라산은 순상화산체를 이루고 있다. 이렇게 다른 유형의 단식 화산체가 2개 이상 복합된 것을 복합화산 또는 복식화산이라고 한다.

313

09 순상화산 楯狀火山 shield volcano

경사가 완만한 방패 모양으로 형성된 화산체다. 주로 점성이 약한 현무암질 용암이 흐르다 식어서 만들어진다. 여러 차례 화산분출로 만들어진 하와이형 순상화산과 일회성 분출로 형성된 아이슬란드형 순상화산으로 구분된다. 우리나라에서는 제주도 한라산이 하와이형 순상화산이고 제주도 모슬봉이 아이슬란드형 순상화산에 해당한다.

9-9-1. 제주도 한라산 남쪽 경관
9-9-2. 제주도 한라산 북쪽 경관

9-9-3. 제주도 서귀포시 대정읍 상모리 모슬봉

세계의 지형 **순상화산**

9-9-4. 미국 하와이 킬라우에아 화산

10 용암대지 熔岩臺地 lava plateau

점성이 약하고 유동성이 큰 고온의 현무암질 용암이 대량으로 분출되어 흐르다가 골짜기나 분지지형을 메우면서 형성된 평탄한 땅이다. 한라산과 백두산은 이러한 용암대지 위에 또 다시 화산이 분출하여 만들어진 복합 화산지대인데 용암대지는 화산체 아래 묻혀 있어 원래의 모습을 찾아보기 어렵다. 현재 우리가 관찰할 수 있는 대표적인 용암대지로는 북한의 신계곡산 용암대지, 북한과 남한에 걸쳐 존재하는 철원평강 용암대지가 있다. 경기도 포천시 관인면, 강원도 철원군 철원읍 및 동송읍 일대에 펼쳐진 철원평야는 철원평강용암대지상에 발달한 평야다.

9-10-1. 강원도 철원군 철원읍 사요리
소이산 전망대에서 바라본 철원용암대지 경관이다. 멀리 북한 쪽의 평강용암대지가 어렴풋이 보인다. 이 두 지역을 합쳐 보통 철원평강용암대지라고 부른다.

9-10-2. 경기도 포천시 관인면 냉정리
한탄강 협곡에 자리한 한탄강CC에서 바라본 용암대지 경관이다.

9-10-3. 냉정리

11 스텝토 steptoe

　골짜기로 흘러든 용암이 쌓여 용암대지가 만들어질 때 주변보다 높은 구릉지나 산지들이 용암에 완전히 매몰되지 않고 남아 있게 된 고립 구릉이다. 주변의 용암대지는 현무암이고 그 한가운데 서 있는 스텝토는 화강암이나 편마암 같은 이질적인 암석이기 때문에 비교적 쉽게 판별된다. 한국전쟁 당시 치열한 전투가 벌어졌던 철원평야의 아이스크림 고지(삽슬봉, 219m), 백마고지(395고지, 395m) 등은 대부분 이 스텝토에 해당된다.

9-11-1. 강원도 철원군 동송읍

9-11-2.강원도 철원군 철원읍 대마리 백마고지
사요리 소이산 전망대에서 바라본 경관이다. 정상에 군초소가 세워져 있는 곳이 백마고지다.

9-11-3. 강원도 철원군 동송읍 양지리 삽슬봉
그 모양이 아이스크림이 녹아내린것과 같다고해서 아이스크림고지라는 별칭으로도 불린다.

9-11-4.강원도 철원군 철원읍 사요리 소이산
산 정상에는 철원평야를 조망할 수 있는 전망대가 세워져 있다.

9-11-5. 경기도 포천시 관인면 냉정리

12 용암삼각주 熔岩三角洲 lava delta

　섬이나 해안지대의 화산체에서 분출한 용암이 바닷가로 흘러가면서 만든 부채꼴 모양의 지형이다. 우리나라에서는 제주도 우도에서 관찰할 수 있다. 우도의 남쪽 해안에 솟아 있는 소머리오름(우도봉)에서 흘러나온 용암이 우도 북서쪽으로 흐르면서 완만한 용암삼각주를 만들었다. 그러나 북쪽 해안에 이르러서는 경사가 거의 없는 평탄한 대지를 이루고 있어 우도 전체적으로 보면 일종의 용암대지로도 볼 수 있다.

9-12-1. 제주도 제주시 우도면 우도

9-12-2. 우도
9-12-3. 우도

317

13 용암벽 熔岩壁 lava barrier

　분화구에서 흘러나온 용암이 용암수로(lava canal)를 따라 흘러내리다가 차별냉각에 의해 용암수로 측벽에 장벽 형태로 굳어진 용암지형이다. 용암제방이라고도 한다. 유동성이 강한 현무암질 용암이 흐를 때 주로 발달한다. 제주도 한라산 사면에 크고 작은 용암벽이 존재하는 것으로 알려져 있지만 현재 일반인들이 쉽게 관찰할 수 있는 곳은 제주도 섭지코지 해안의 것이 유일하다.

9-13-1. 제주도 서귀포시 성산읍 고성리 섭지코지해안

9-13-2. 섭지코지해안
9-13-3. 섭지코지해안

14 호니토 hornito

용암이 흐르다 식으면서 만들어진 굴뚝 모양의 작은 화산체다. 지표면을 따라 용암이 흐르다가 굳어진 용암터널(용암튜브) 내부로 용암이 이차적으로 공급되면서 그 압력에 의해 용암터널 천정부가 부분적으로 뚫리고 그 구멍을 통해 용암과 가스가 분출하면서 만들어진다. 용암기종(熔岩氣腫, lava blister)이라고도 한다. 주로 유동성이 큰 현무암질 승상용암(새끼줄용암, ropy lava)에서 잘 발달한다. 우리나라에서 가장 대표적인 호니토는 제주도 비양봉의 호니토로 현지에서는 '애기업은돌'로 불리고 있고 천연기념물 439호로 지정되어 있다.

9-14-1. 제주도 제주시 한림읍 협재리 비양도
9-14-2. 비양도
9-14-3. 비양도

15 승상용암 繩狀熔岩 ropy lava

　　점성이 낮은 마그마가 멀리까지 흘러가면서 굳은 용암이다. 승상이라는 말은 용암이 흘러가는 방향을 따라 새끼줄 모양으로 휘기 때문에 붙여진 이름으로 새끼줄용암이라고도 한다. 승상용암은 보통 표면이 매끌매끌한 것이 특징인데 이런 용암의 성질을 강조할 경우에는 파호이호이(pahoehoe)용암이라는 용어가 쓰인다. 이에 대해 상대적으로 점성이 높고 유동성이 낮아 멀리까지 가지 못하고 가까이에서 굳어진 거친 용암은 아아(aa)용암 혹은 괴상(塊狀)용암이라고 한다. 파호이호이나 아아는 하와이 언어다.

9-15-1. 제주도 제주시 구좌읍 김녕리 김녕해변
9-15-2. 제주도 제주시 우도면 연평리 검멀래해변

9-15-3. 제주도 제주시 구좌읍 월정리 만장굴 (출처: 문화재청)
9-15-4. 제주도 제주시 한림읍 협재리 협재해변

16 아아용암 아아熔岩 aa lava

　표면이 거친 용암이다. aa는 거친 암석 표면이라는 뜻의 하와이 언어다. 괴상용암이라고도 한다. 표면이 부드러운 승상용암(파호이호이용암)에 상대적인 개념이다. 아아용암은 격렬한 화산폭발로 일시에 다량의 용암이 분출할 때 만들어진다. 제주도 북동부 해안의 자연 불턱들은 모두 아아용암을 기반으로 만들어졌다. 불턱은 해녀들의 쉼터를 말하는 것으로 자연지형을 이용하거나 인공적으로 담을 쌓아 활용한다.

9-16-1. 제주도 제주시 구좌읍 종달리 고망난돌불턱

9-16-2. 종달리 돌청산불턱

9-16-3. 종달리 동그란밭불턱

9-16-4. 종달리 벳바른불턱

9-16-5. 종달리 엉불턱

세계의 지형 **아아용암**

9-16-6. 아이슬란드 블루라군 지열발전소 일대

17 투물러스 tumulus

지표면을 따라 용암이 흐르면서 형성된 용암튜브의 껍질 부분이 내부 액체 상태의 용암 압력에 의해 거북등처럼 부풀어 오른 지형이다. 평면 형태는 대부분 타원형이고 전체적으로는 작은 구릉 형태를 띠기도 한다. 발달 메커니즘은 호니토와 유사하다. 투물러스 표면에는 승상용암, 치약구조 등이 발달하기도 한다. 치약구조는 투물러스의 갈라진 틈을 따라 뜨거운 액체 상태의 용암이 빠져나오면서 마치 치약을 짜 놓은 것처럼 굳어진 것이다. 투물러스가 해체되면 내부에 발달한 소규모 주상절리도 관찰된다.

투물러스

9-17-1. 제주도 제주시 구좌읍 한동리

9-17-2. 한동리
9-17-3. 한동리
9-17-4. 한동리

9-17-5. 한동리

18 주상절리 柱狀節理 columnar joint

　액체 상태의 마그마가 분출되어 비교적 빠른 시간에 식으면서 만들어진 기둥 모양의 절리다. 주상절리를 측면에서 보면 이름 그대로 기둥 형태를 하고 있지만 동굴천정이나 바닥, 사면에서는 그 평면 형태가 다각형 구조를 하고 있어 특이한 지형경관을 연출한다. 측면에서 봤을 때의 주상절리는 그 모양에 따라 수직주상절리(선주상절리), 경사주상절리(기울어진주상절리), 와상주상절리(누운주상절리), 방사상주상절리(부채꼴주상절리), 매달린주상절리 등으로 구분된다. 아직 덜 식은 주상절리 위쪽에서 무게가 가해지면 주상절리가 휘어지면서 엔태블러처(entablature)라고 하는 특이한 구조가 발달한다.

수직주상절리(선주상절리)

9-18-1. 경상북도 울릉군 서면 남양리 비파산 국수바위
9-18-2. 광주시 동구 용연동 무등산 입석대

325

9-18-3. 제주도 서귀포시 중문동 대포주상절리대

방사주상절리(부채꼴주상절리)

9-18-4. 경상북도 울릉군 서면 남양리 비파산

9-18-5. 경상북도 포항시 남구 연일읍 달전리
땅속에서 풍화가 진행되어 기둥 모양의 핵석이 만들어졌다.

9-18-6. 제주도 서귀포시 중문동 대포주상절리대

와상주상절리
(누운주상절리)

9-18-7. 경상북도 울릉군 울릉읍 독도리 동도 숫돌바위
9-18-8. 경상북도 경주시 양남면 읍천리 양남주상절리

와상주상절리(누운주상절리)

9-18-9. 경기도 포천시 관인면 냉정리 대교천현무암협곡
9-18-10. 경상북도 경주시 양남면 읍천리 양남주상절리

매달린주상절리

9-18-11. 경기도 연천군 군남면 황지리 차탄천

엔태블러처
(휘어진 주상절리)

9-18-12. 제주도 서귀포시 중문동 정방
폭포해안

주상절리의 다양한 평면 다각형 구조

1	2
	3

9-18-13. 경상북도 울릉군 서면 남양리 통구미해안 사면
9-18-14. 제주도 서귀포시 대정읍 하모리해안 바닥
9-18-15. 제주도 서귀포시 법환동 범섬 해식동굴 천정

세계의 지형 **주상절리**

9-18-16. 미국 옐로스톤국립공원
암맥 형태의 주상절리가 발달해 있다.

9-18-17. 아이슬란드 링로드 레이니스피아라
9-18-18. 아이슬란드 링로드 해안

9-18-19. 일본 산인해안 겐부도 백호동
누운주상절리와 주상절리의 평면 다각형 구조를 동시에 관찰할 수 있다.

9-18-20. 일본 산인해안 겐부도 청룡동
다양한 방향의 주상절리가 혼재되어 있다.

9-18-21. 일본 산인해안 효고현 신온센초 타지마해안
전형적인 방사상주상절리다.

19 판상절리 板狀節理 sheeting joint

용암이 덜 식은 상태에서 위쪽에 새로운 용암이 쌓이면서 그 무게에 의해 아래쪽 용암이 판 모양으로 넓적하게 펴진 채로 굳어진 용암지형이다. 원래 일반적으로 알려진 판상절리는 땅속에 존재하던 화강암이 노출되면서 압력이 해제되고 그로 인한 부피 팽창으로 형성되는 풍화지형을 지칭했으나 지금은 화산지형에서도 판상절리라는 개념을 도입해 같은 명칭으로 사용하고 있다. 이름은 같지만 그 형성 메커니즘이나 형태는 전혀 다르다. 둘의 개념적 혼란을 막기 위해 화산지형으로서의 판상절리는 '현무암 판상절리'로 부르는 것도 하나의 방법이 될 수 있다.

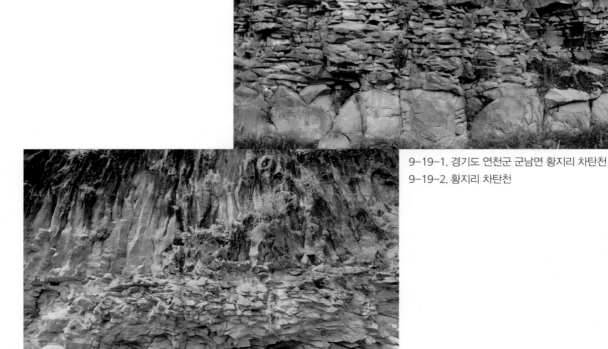

9-19-1. 경기도 연천군 군남면 황지리 차탄천
9-19-2. 황지리 차탄천

9-19-3. 경기도 연천군 전곡읍 은대리 차탄천
9-19-4. 은대리 차탄천

9-19-5. 경기도 포천시 영북면 자일리 화적연

20 베개용암 베개熔岩 pillow lava

호수나 바닷속에서 분출된 용암이 급격히 냉각·고결되어 만들어진 베개 모양의 동글동글한 용암지형이다. 우리나라에서는 한탄강 일대에서 주로 관찰되며 그중 한탄강과 영평천의 합류지점에 발달한 것이 가장 대표적이다. 이 지역은 과거 용암이 흐르면서 하천을 가로막아 일시적으로 용암댐이 만들어지고 여기에 호수가 형성되었던 곳이다.

9-20-1. 경기도 포천시 창수면 신흥리 한탄강 아우라지

9-20-2. 한탄강 아우라지
9-20-3. 한탄강 아우라지

21 클링커 clinker

뜨거운 액체 상태의 현무암질 용암이 분출하여 기존의 암석이나 퇴적층과 만나 그 경계부에서 부분적으로 변성을 일으킨 용암이다. 한 지역에서 여러 차례 용암이 분출된 경우 그 사이에 끼어 있는 클링커층을 조사해 보면 그 지역의 현무암이 몇 번 분출했는지를 추정할 수 있다.

9-21-1. 경기도 연천군 군남면 황지리 차탄천
9-21-2. 경기도 연천군 전곡읍 은대리 차탄천

9-21-3. 경기도 포천시 영북면 자일리 한탄강 포천화적연
9-21-4. 제주도 서귀포시 중문동 대포주상절리대

22 탄낭구조 彈囊構造 bomb sag

화산재가 켜켜이 쌓이면서 응회암이 만들어질 때 무거운 암괴나 화산탄 등이 아직 덜 굳은 응회암 층리 위로 떨어져 그 무게로 인해 오목하게 휘어진 퇴적구조이다. 영어명은 그 모양이 탄환을 넣는 주머니라는 뜻의 탄낭을 닮았기 때문에 붙여진 이름으로 bedding sag, bomb sack이라고도 한다.

9-22-1. 제주도 제주시 한경면 고산리 수월봉

9-22-2. 수월봉

9-22-3. 수월봉

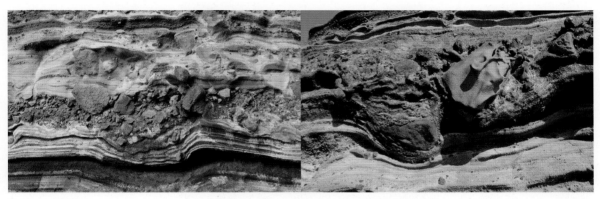

9-22-4. 수월봉

9-22-5. 수월봉

9-22-6. 수월봉

23 화산탄 火山彈 volcanic bomb

화산폭발 시 분출된 액체 상태의 마그마가 공중에서 수 차례 회전하면서 순간적으로 고체 상태로 굳어진 용암덩어리이다. 이런 특성 때문에 그 형태는 주로 둥근 고구마 모양인 것이 보통인데 마그마의 성질에 따라 다양한 형태의 화산탄이 만들어지기도 한다.

9-23-1. 제주도 서귀포시 대정읍 상모리 송악산

9-23-2. 제주도 제주시 조천읍 교래리 제주돌문화공원
9-23-3. 제주돌문화공원

9-23-4. 제주도 제주시 한림읍 한림리 비양도

9-23-5. 비양도

9-23-6. 비양도

9-23-7. 비양도

9-23-8. 비양도 (촬영: 조원식)

24 용암동굴 熔岩洞窟 lava cave

점성이 낮은 현무암질 용암이 멀리까지 두껍게 흐르면서 지표면과 지하 마그마의 차별적 냉각에 의해 긴 터널 형태로 만들어진 동굴이다. 영어명은 lava tube, lava tunnel이라고도 하는데 이는 용암동굴의 형태적 특징을 강조하는 의미다. 그러나 화산지역의 동굴이 모두 용암이 흐르면서 만들어지는 것은 아니다. 화산폭발 과정에서 마그마가 상승한 화도(火道)에도 동굴이 형성되는데 이 경우 동굴은 수직으로 발달한다. 이들 모두를 포괄하여 화산동굴이라 부른다. 용암동굴은 동굴 형성 이후 천정이 쉽게 무너져 내려 동굴 형태를 오랫동안 유지하지 못하는 것이 대부분이다. 그러나 동굴 지표면에 석회질 패사가 쌓이면 시멘트 효과에 의해 동굴천정부가 견고해지기 때문에 그 원형이 그대로 보존되는 경우도 있다. 이 경우 패각사의 탄산칼슘이 녹아내리고 동굴 내부에 다시 침전됨으로써 용암동굴과 석회동굴의 특성이 함께 나타나는데 이를 유사석회동굴이라고 한다.

9-24-1. 제주도 제주시 구좌읍 동김녕리 김녕굴 (출처: 문화재청)
입구는 다르지만 땅속에서는 만장굴과 연결되어 있어 두 동굴은 하나의 동굴 체계로 취급한다.
9-24-2. 김녕굴 (출처: 문화재청)

9-24-3. 제주도 제주시 구좌읍 월정리 만장굴 (촬영: 한국관광공사 이범수)
용암동굴은 터널 형태를 이루고 있는 것이 특징이다.

1	
2	3

9-24-4. 만장굴
동굴 바닥에는 용암이 흐른 흔적이 그대로 남아 있다.

9-24-5. 만장굴
동굴 벽에는 용암이 흘러내린 흔적이 있다.

9-24-6. 만장굴
동굴 천정에는 마치 석회동굴의 종유석처럼 용암이 매달린 채로 굳어
있는 것을 볼 수 있는데 이를 용암종유석이라고 한다.

9-24-7. 만장굴 (출처: 문화재청)
만장굴은 몇 개의 동굴이 아래위로 겹쳐져 있는 구조를 하고 있다. 두 동굴의 경계부가 무너져 내리면 그 일부는 용암교가 된다.

9-24-8. 만장굴 (출처: 문화재청)
상하 두 동굴의 경계부가 무너지고 일부는 용암교로 남았다.

9-24-9. 만장굴 (출처: 문화재청)
상부동굴을 흐르던 용암이 동굴 바닥의 뚫린 공간을 통해 하부동굴로 흘러내리면 용암주라고 하는 독특한 용암기둥이 만들어진다.

25 유사석회동굴 類似石灰洞窟 pseudo limestone cave

일차적으로 마그마에 의해 용암동굴이 만들어지고 여기에 이차적으로 석회침전물이 형성된 일종의 복합동굴이다. 유사석회동굴이라는 이름은 용암동굴이면서 석회동굴과 유사하다는 의미에서 붙여진 것으로 위종유굴이라고도 한다. 용암동굴이 바닷가 가까이 있는 경우 패각사(조개껍질이 부서져 만들어진 모래)가 바람에 의해 날려 용암동굴 위에 쌓이고 이 패각사 속의 석회 성분이 빗물에 녹아 동굴로 스며들어 탄산칼슘이 침전되어 만들어진다. 제주도의 용천동굴, 쌍룡굴, 당처물동굴, 협재동굴 등이 대표적인 예인데 이 중 용천동굴은 세계 최대규모의 유사석회동굴로 알려져 있다.

9-25-1. 제주도 제주시 구좌읍 월정리 당처물동굴 (출처: 문화재청)
9-25-2. 당처물동굴
석회동굴에서나 볼 수 있는 전형적인 동굴산호가 성장하고 있다.

9-25-3. 제주도 제주시 구좌읍 월정리 용천동굴

9-25-4. 제주도 제주시 한림읍 협재리 쌍용동굴 (촬영: 한국관광공사 이범수)

9-25-5. 제주도 제주시 한림읍 협재리 협재동굴

26 용암구 熔岩球 lava bal

　내부는 거친 스코리아(화산쇄설물)로 채워져 있고 외부는 매끄럽고 치밀한 용암으로 둘러싸인 둥근 타원체의 용암 덩어리다. 통단팥이 소로 들어가 있는 공 모양의 찐빵과 같은 개념이다. 표면이 거친 유동성 용암(아아용암)이 기존의 스코리아 조각들을 둘러싸면서 굳어져 만들어진다. 크기는 수 cm의 것에서부터 수 m 이상의 것까지 다양하다. 둥근 용암 덩어리가 깨지고 내부의 스코리아가 빠져나오면 구멍이 생기는데 이때의 모양은 용암수형(熔岩樹型)과 비슷해진다. 용암구는 부가용암구((附加熔岩球, Accretionary lava ball)라고도 하는데 이는 일반적인 용암구와는 조금 다른 개념으로 쓰이기도 한다. 보통 부가용암구는 고체 상태의 아아용암 파편이 구르면서 아직 고결되지 않은 용암을 반복해서 부착시켜 만들어진 용암구로 정의된다. 이는 눈사람이 만들어지는 원리와 같다. 내부에는 용암의 반복적인 부착에 의해 만들어진 나이테 모양의 테두리 구조가 관찰된다.

9-26-2. 제주도 제주시 한림읍 한림리 비양도

9-26-1. 제주도 제주시 구좌읍 월정리 만장굴 (출처: 문화재청)
동굴 천정에서 떨어진 용암 조각이 동굴 바닥을 따라 흐르던 이차적 용암 위로 굴러가면서 용암이 부착된 용암구이다.

9-26-3. 제주도 제주시 조천읍 교래리 제주돌문화공원

9-26-4. 제주돌문화공원

9-26-5. 제주돌문화공원

9-26-6. 제주돌문화공원

9-26-7. 제주돌문화공원

27 용암수형 熔岩樹型 lava tree

　뜨거운 용암이 나무를 감싸거나 덮치면서 흐를 때 용암속의 나무가 타서 재가되는 과정에서 만들어지는 용암미지형이다. 그 형태에 따라 용암수형몰드(lava tree mold), 용암수형석(lava tree), 용암수형캐스트(lava tree cast)등으로 구분된다. 용암몰드는 나무가 용암류에 완전히 묻힌 상태에서 타고난후 길죽한 형태의 구멍 상태로 남아 있는 것을 말한다. 이는 땅속에 파인 우물이나 작은 동굴모양을 하게 된다. 용암수형석은 나무가 서있는 상태에서 용암이 부착될 때 그 내부는 타서 구멍이 생기고 전체적으로는 나무 형태가 유지되는 형태이다. 용암수형캐스트는 용암몰드나 용암수형의 구멍속으로 다시 액체상태의 용암이 흘러들어가 나무 형태로 굳어진 것이다.

용암수형몰드

9-27-1. 제주도 제주시 조천읍 교래리 제주돌문화공원

용암수형석

9-27-2. 제주도 제주시 일도이동 신산공원

9-27-3. 신산공원
9-27-4. 신산공원

용암수형캐스트

9-27-5. 제주도 제주시 조천읍 교래리 제주돌문화공원
9-27-6. 제주돌문화공원

제10장

구조지형

01 절리 節理 joint

　암석 내에 발달한 불연속적인 균열이다. 외부로부터 가해지는 압력, 하중 제거에 따른 부피팽창, 마그마의 냉각에 의한 수축 등에 의해 형성된다. 지표로 드러난 절리는 대부분 공기로 채워져 있지만 땅속의 절리에는 물, 광물, 마그마 등이 채워져 있다. 이 중 유용한 광물이 채워진 것을 광맥, 마그마가 채워져 식은 것을 암맥이라고 부른다. 절리의 형태에 따라 수직절리, 수평절리, 교차절리, 주상절리, 판상절리, 박리 등으로 구분된다. 판상절리와 박리는 화강암 풍화 과정에서 주로 발달한다. 서로 방향을 달리하는 절리가 복합적으로 한 장소에 발달한 경우 그중에서도 그 장소의 지형 발달에 가장 영향을 강하게 주는 절리를 주절리(master joint)라고 한다. 절리가 발달한 부분은 상대적으로 쉽게 풍화와 침식이 진행되므로 지형 발달에 중요한 기본 요소로 작용한다.

수직절리

1	
2	3

10-1-1. 전라남도 진도군 조도면 관매도리 관매도 하늘다리
10-1-2. 충청남도 보령시 남포면 월정리 보리섬 병풍바위
10-1-3. 병풍바위

수평절리

10-1-4. 충청북도 보은군 속리산면 사내리 세조길
10-1-5. 세조길

교차절리

1	2
3	

10-1-6. 전라북도 군산시 옥도면 무녀도리 무녀도
10-1-7. 무녀도
10-1-8. 충청남도 보령시 남포면 월정리 보리섬 병풍바위

10-1-9. 경기도 의정부시 수락산 석림사계곡
계곡에 여러 방향의 절리가 함께 존재하지만 이곳은 주절리인 수직절리 방향을 따라 하천이 흐르고 있다.

교차절리를 따른 풍화

10-1-10. 인천시 강화군 화도면 동막리 동막해안
교차절리를 따라 진행된 심층풍화에 의해 핵석이 만들어졌다.

10-1-11. 서울시 도봉구 우이동 북한산
교차절리를 따라 심층풍화된 핵석이 노출되어 토르가 만들어졌다.

02 습곡 褶曲 fold

지층이 횡압력을 받아 휘어진 지형이다. 모든 암석에서 나타나지만 퇴적암이나 퇴적변성암처럼 수평층이 발달한 암석에서 그 휘어짐을 가장 잘 관찰할 수 있다. 휘어진 정도는 현미경 수준에서부터 수백km에 이르기까지 다양하므로 모든 습곡 지형을 우리가 실제로 구별해낼 수는 없다. 야외에서 관찰 가능한 습곡의 규모는 수십cm~수십m 정도다. 습곡 자체가 특별한 지형을 형성하기도 하지만 차별침식의 원인을 제공함으로써 이차적으로 또 다른 지형을 발달시키는 요인이 되기도 한다. 단단한 암석과 약한 암석이 교대로 나타나는 퇴적암이 습곡을 받으면 암석 경연의 차에 의한 차별침식으로 아주 독특한 지형이 발달한다.

10-2-1. 강원도 삼척시 미로면
10-2-2. 경기도 포천시 관인면 사정리 한탄강 주상절리길 제4코스(멍우리길)

10-2-3. 경기도 연천군 전곡읍 은대리
10-2-4. 경상북도 청송군 파천면 송강리 영전천변
청송 유네스코 세계지질공원의 대표적 지형경관 중 하나다.

355

10-2-5. 인천시 옹진군 대청면 대청도 나이테바위 (촬영: 윤순옥)
10-2-6. 인천시 옹진군 백령면 남포리 백령도 (출처: 문화재청)

1	2
3	

10-2-7. 전라남도 여수시 화정면 사도리 사도
10-2-8. 사도
10-2-9. 사도리 추도

10-2-10. 전라북도 군산시 옥도면 말도리 말도

10-2-11. 말도

10-2-12. 충청남도 태안군 원북면 방갈리 분점도

10-2-13. 분점도

10-2-14. 분점도

1 2
3

10-2-15. 충청북도 단양군 단양읍 노동리
이 노두는 침강습곡(침강배사) 구조를 보인다.

10-2-16. 충청북도 청주시 상당구 미원면 옥화리 달천 용소
용소는 청주 옥화9경 중 제2경에 속하는 하안절벽지대다. 습곡이 발
달한 암석은 고생대 옥천층군 창리층의 천매암이다. 습곡구조는 단층
에 의해 심하게 교란되어 있다.

10-2-17. 충청북도 청주시 상당구 미원면 운암리 청석굴 인근

세계의 지형 **습곡**

10-2-18. 일본 대마도 쓰쓰자키곶
10-2-19. 일본 대마도 만제키바시 북단
이러한 형태의 습곡은 끌림습곡이라고 한다.

03 단층 斷層 fault

　지층이 장력(당기는 힘)이나 횡압력(미는 힘)과 같은 외부 힘을 받아 끊어지면서 지괴가 어긋난 지형이다. 절리가 '선'의 개념이라면 단층은 '면'의 개념이다. 단층은 절리를 따라 일어나기도 하고 단층이 발달하면서 절리가 형성되기도 한다. 지괴가 움직이는 방향에 의해 정단층과 역단층으로 구분된다. 정단층은 단층면 위쪽에 놓인 지괴가 아래로 미끄러져 내려가는 것이고 역단층은 반대로 위쪽으로 밀려 올라가는 것이다. 단층 중에서 신생대 제4기까지 활동한 것을 활성단층(활단층)이라고 한다. 최근 경주, 포항 일대에서 발생한 지진은 활성단층과 관련이 있는 것으로 밝혀졌다. 2012년 조사에 의하면 전국에는 163개의 활성단층이 있는데 그중 대부분은 한반도 동남부에 위치하는 것으로 알려져 있다.

일반단층

10-3-3. 서울시 종로구 무악동 인왕산

10-3-1. 강원도 양양군 현남면 동산리 동산항
10-3-2. 부산시 서구 암남동 송도반도

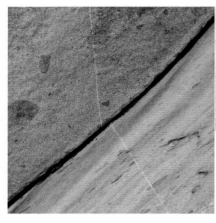

10-3-4. 인천시 강화군 삼산면 매음리 낙가산 보문사 눈썹바위
10-3-5. 전라남도 여수시 화정면 사도리 사도
10-3-6. 경기도 광주시 오포읍 문형산
절리와 단층의 관계를 잘 보여 준다. 평면적으로는 수평 및 수직절리로 보이지만 이 절리들은 단층에 의해 어긋나 있다. 절리구조는 단층 여부를 판단하는 기준이 되기도 한다.

활성단층

10-3-7. 경상북도 경주시 양남면 수렴리 (촬영: 오정식)
10-3-8. 경상북도 포항시 북구 신광면 호리 (촬영: 정수호)

세계의 지형 **단층**

10-3-9. 일본 대마도 만제키바시 인근

04 단층선곡 斷層線谷 fault line valley

단층운동에 의해 형성된 땅속의 단층선을 따라 발달한 골짜기이다. 단층 자체를 강조할 때는 단층대라는 표현을 쓰기도 한다. 단층선이 발달한 부분은 상대적으로 풍화와 침식에 약하기 때문에 하천은 대부분 단층선을 따라 흐르게 되고 그 결과 차별침식이 더욱 진행되어 단층선곡이 발달한다. 단층선곡과 구조곡을 혼동해 쓰기도 하지만 구조곡은 단층선곡을 포함한 보다 포괄적인 개념이다. 구조곡은 단층 이외에 조산운동 등 다양한 지각변동을 받아 발달한 지형을 말한다.

10-4-1. 경기도 연천군 신서면 대광리 대광리단층대
서울에서 원산을 연결하는 추가령구조곡을 구성하는 단층대 중 하나다.
단층선곡을 따라 차탄천이 흐르고 3번국도와 경원선 철도가 지난다.
10-4-2. 대광리단층대

10-4-3. 경기도 연천군 추가령구조곡 연천단층대
10-4-4. 연천단층대

10-4-5. 경상북도 경주시 불국사단층선곡

경주시는 불국사단층선곡의 북단에 발달한 도시다. 단층선곡이 단층에 의해 형성된 지형이므로 경주는 구조적으로 지진피해를 입을 수 있는 태생적 요인을 가지고 있는 셈이다. 불국사단층선곡은 경주에서 시작되어 사진 오른쪽에서 남쪽으로 길게 울산까지 이어진다.

10-4-6. 불국사단층선곡

경주에서 울산 쪽을 바라본 경관이다.

세계의 지형 **단층선곡**

10-4-7. 아이슬란드 골든서클 싱벨리어 계곡

대륙적 규모의 구조곡으로 이곳은 지구판구조론에서 유러시아대륙판과 북아메리카판이 만나는 곳이다.

05 삼각말단면 三角末端面 triangular facet

산의 능선 말단부가 단층에 의해 잘려 나가 삼각형 모양의 단면을 갖는 지형이다. 산각말단면(山脚 末端面)이라고도 한다. 단층이 일어난 시기가 오래 지나지 않은 경우에는 삼각형 구조가 명확하지만 시간이 지나면서 침식이 진행되면 원래의 모습은 사라지고 일부 흔적만 남는다. 따라서 단층이 지속적 으로 일어나지 않는 한 또렷한 형태의 삼각말단면을 관찰하기는 쉽지 않다. 삼각말단면은 과거의 단층 작용과 그 방향을 추적하는 증거 지형으로 활용된다.

10-5-1. 경상북도 안동시 풍천면 하회리 낙동강 하회마을
10-5-2. 하회마을
10-5-3. 경상북도 예천군 용궁면 향석리 내성천 회룡포마을

| 1 | |
| 2 | 3 |

06 층리 層理 bedding

퇴적암에서 퇴적층들이 나란히 쌓여 있는 상태를 말한다. 서로 다른 층리의 경계면은 층리면이라고 한다. 각 층리의 두께와 구성 물질은 퇴적 시기와 환경을 반영한다. 보통 엽층리, 점이층리, 사층리 등으로 구분한다. 엽층리는 두께 1cm 미만으로 얇은 층을 이루는 것, 점이층리는 아래쪽에서 위로 가면서 점점 입자가 작아지는 것, 사층리는 물이 흐르는 방향이나 바람이 부는 방향을 따라 층리가 기울어진 것을 말한다. 엽층리는 입자가 작은 점토나 셰일에서, 사층리는 사암에서 잘 나타난다. 그 밖에 불규칙한 형태의 렌즈상층리, 파상층리 등이 있다.

층리

10-6-1. 전라남도 여수시 화정면 사도리 추도
10-6-2. 제주도 제주시 한경면 고산리 수월봉

엽층리

10-6-3. 전라남도 여수시 화정면 사도리 사도
사진 아래쪽 흑색 탄질의 세일층에 엽층리가 발달
해 있다. 이 엽리층에는 유기물과 황철석(황화물)
이 많이 함유되어 있다.

점이층리

10-6-4. 경상북도 경주시 양남면 읍천리

사층리

10-6-5. 제주도 서귀포시 중문동

렌즈상층리

10-6-6. 전라남도 여수시 화정면 사도리 추도

파상층리

10-6-7. 전라남도 여수시 화정면 사도리 추도
10-6-8. 추도

층리와 절리

10-6-9. 전라남도 여수시 화정면 사도리 추도
사진 아래쪽에는 퇴적암의 수평층리, 위쪽에는
화산암의 수직절리가 발달해 있다.

07 연흔 漣痕 ripple mark

　퇴적층이 쌓일 때 바람이나 파도에 의해 물결모양의 자국이 새겨진 흔적이다. 물결자국이라고도 한다. 연흔은 퇴적암의 지층 중 특정한 층리에서 발견되는 것으로 퇴적 당시의 환경을 복원하는 데 주요한 지시물이 된다. 연흔은 주로 응집력이 약한 모래가 바람이나 파도에 의해 흔들리면서 만들어진다. 파도나 바람이 한쪽 방향으로만 움직인 경우에는 비대칭형, 양방향으로 반복해서 움직이면 대칭형 연흔이 발달한다. 호수나 바닷가에 가면 암석으로 굳어지지 않은 '미래의 연흔'을 관찰할 수 있다.

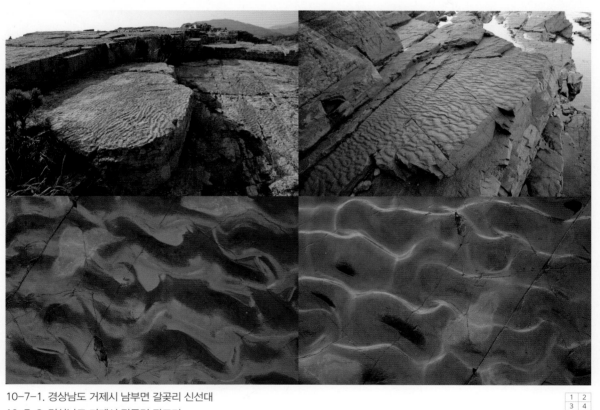

10-7-1. 경상남도 거제시 남부면 갈곶리 신선대

10-7-2. 경상남도 거제시 장목면 관포리

10-7-3. 관포리

10-7-4. 관포리

| 1 | 2 |
| 3 | 4 |

10-7-5. 전라남도 여수시 화정면 사도리 사도
10-7-6. 사도리 추도
10-7-7. 사도리 추도
10-7-8. 사도리 추도
10-7-9. 사도리 추도

10-7-10. 전라남도 화순군 백아면 서유리 공룡화석지

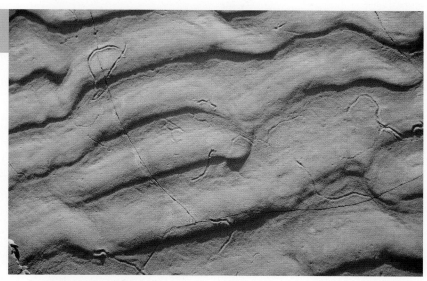

10-7-11. 일본 대마도 쓰쓰자키 곶
연흔이 발달한 암석 표면에 '생흔화석'도 관찰된다.

08 결핵체 結核體 concretion

완전히 굳어지지 않은 퇴적층의 빈 공간에 이차적으로 새로운 물질이 침전되고 결합되어 마치 자갈처럼 단단히 굳어진 것이다. 보통 물속에 녹아 있던 여러 무기성분이 어떤 특정 핵을 중심으로 침전이 일어나면서 성장한다. 몸속의 '결석'이 생기는 원리와 같다. 결핵체는 퇴적과 동시에 생성되기도 하고 퇴적 후에 생기기도 한다. 전자를 초생결핵, 후자를 후생결핵이라고 한다. 초생결핵의 경우 결핵체 주변으로는 층리가 휘어져 있지만 후생결핵에서는 층리가 휘어지지 않고 수평을 그대로 유지하는 것이 특징이다.

10-8-1. 경상남도 거제시 남부면 갈곶리 신선대
10-8-2. 신선대

10-8-3. 경상남도 거제시 장목면 관포리

10-8-4. 관포리

10-8-5. 관포리

10-8-6. 전라남도 여수시 화정면 사도리 추도

10-8-7. 추도

10-8-8. 추도

09 암맥 岩脈 dike

주변의 암석과 형태 및 암질면에서 부조화를 이루는 이차적인 관입암체이다. 형성 원인에 의해 마그마성 암맥과 쇄설성 암맥으로 구분된다. 마그마성 암맥은 마그마가 기존의 암석을 뚫고 들어와 식은 것으로 밝은색의 규장질(규산+장석, 산성)암맥과 어두운색의 고철질(마그네슘+철, 염기성)암맥으로 구분된다. 마그마성 암맥 중 단일 성분의 광물로만 이루어진 것을 광맥(vein)이라고 하는데 석영맥, 방해석맥, 금광맥, 다이아몬드 광맥 등이 이에 해당된다. 쇄설성 암맥은 기존 암석의 절리를 따라 작은 입자의 쇄설물이 유입되어 굳은 것으로 퇴적암 암맥, 침전맥이라고도 부른다. 암맥 중 수평 방향으로 발달한 것은 암상(sill)이라고 해서 구분한다.

마그마성 암맥

1 2
3

10-9-1. 강원도 고성군 죽왕면 오호리 부채바위
10-9-2. 강원도 동해시 삼화동 무릉계곡
10-9-3. 강원도 양양군 현남면 동산리 동산항

10-9-4. 경상남도 거제시 남부면 갈곶리 신선대
10-9-5. 경상남도 거제시 남부면 갈곶리 해금강
10-9-6. 경상북도 울릉군 서면 남양리 통구미

<table>
<tr><td>1</td><td>2</td></tr>
<tr><td>3</td><td></td></tr>
</table>

10-9-7. 경상남도 거제시 장목면 관포리
10-9-8. 부산시 서구 암남동 송도반도
10-9-9. 송도반도

1	2
3	

10-9-10. 전라남도 여수시 화정면 사도리 증도
10-9-11. 사도리 증도
10-9-12. 사도리 사도

10-9-13. 충청남도 태안군 원북면 방갈리 분점도
10-9-14. 분점도

쇄설성 암맥

1	2
3	4
5	6
7	

10-9-15. 경상남도 거제시 남부면 갈곶리 신선대
10-9-16. 신선대
10-9-17. 신선대
10-9-18. 전라남도 여수시 화정면 사도리 사도
10-9-19. 전라남도 여수시 화정면 사도리 추도
10-9-20. 추도
10-9-21. 추도

10-9-22. 미국 모하비 사막 불의계곡
10-9-23. 불의계곡
10-9-24. 불의계곡
10-9-25. 불의계곡
10+9-26. 불의계곡

10 포획암 捕獲岩 xenolithe

마그마가 식어 암석이 만들어지는 과정에서 이질 암석이 섞여 들어가 함께 굳어진 암석 조각이다. 포획암은 크게 ① 외래포획암(xenolith), ② 동원포획암(autolith), ③ 잔류암, ④ 포획결정(xenocryst) 등으로 구분된다. 외래포획암은 마그마가 식는 과정에서 기존의 암석 조각이 섞여 들어간 것이다. 동원포획암은 성질이 서로 다른 두 종류의 마그마가 시차를 두고 관입되어 만나는 과정에서 강력한 폭발이 일어나고 그 결과 이질적인 암편이 섞여 있는 것이다. 주로 미고결 상태의 규장질 마그마 속으로 고철질 마그마가 이차 관입되면서 만들어진다. 잔류암은 기존 암석이 고온고압하에서 변성작용을 받는 과정에서 미처 다 녹지 못하고 우선적으로 녹은 마그마 속에 잔류하는 암편을 말한다. 포획결정은 암석이 아니라 단일 광물이 포획된 경우다. 대표적인 포획결정은 다이아몬드다. 원래 다이아몬드는 지하 150km 이상의 깊은 곳에서 존재하는데 마그마가 맨틀에서 빠른 속도로 상승하는 과정에서 마그마에 포획되면 지표 가까이 올라오게 된다.

외래포획암

10-10-1. 강원도 양양군 현남면 인구리 죽도
10-10-2. 울산시 동구 일산동 대왕암 해안
10-10-3. 경기도 남양주시 별내면 불암산

1	
2	3

1 2
3

10-10-4. 인천시 강화군 삼산면 매음리
10-10-5. 인천시 옹진군 북도면 장봉리 장봉도 유노골 해안
화강암에 편암이 포획되어 있다.
10-10-6. 충청남도 부여군 내산면 저동리 미암사
페그마타이트 속에 사암이 포획되어 있다.

동원포획암

10-10-7. 경기도 의정부시 수락산 석림사계곡
10-10-8. 인천시 강화군 삼산면 매음리 낙가산 보문사 눈썹바위

11 건열 乾裂 mudcrack

점토나 실트와 같이 점성이 강한 세립질 퇴적물이 건조되면서 표면이 갈라지는 퇴적구조다. 건열은 현재 호수나 바닷가에서 쉽게 볼 수 있고 암석화된 퇴적암 층리에서도 관찰된다. 건열은 퇴적암의 여러 층리 중 일부 층에서만 관찰되는데 이는 이 지층이 쌓일 당시 일정 기간 동안 건조한 공기에 충분히 노출되어 있었음을 의미한다.

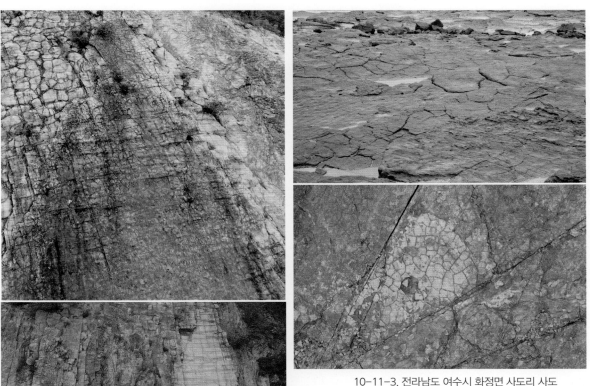

10-11-3. 전라남도 여수시 화정면 사도리 사도
10-11-4. 전라남도 화순군 백아면 서유리 공룡화석지

10-11-1. 강원도 영월군 북면 문곡리
천연기념물(413호)인 '문곡리 건열구조 및 스트로마톨라이트' 노두에서 관찰되는 것이다.
10-11-2. 문곡리

12 스트로마톨라이트 stromatolite

바닷속에 사는 단세포 광합성 미생물인 남세균(藍細菌, 시아노박테리아)에 의해 만들어진 퇴적층이다. 남세균의 끈끈한 석회질 몸체 표면에 수중의 모래입자들이 달라붙어 지속적으로 쌓이면서 만들어진다. 광합성 작용은 낮에 활발하기 때문에 하루를 주기로 나무의 나이테처럼 뚜렷한 줄무늬가 형성되는 것이 특징이다. 남세균은 지구상에서 가장 먼저 광합성을 시작하면서 산소를 배출한 생명체다. 한반도에서 발견되는 스트로마톨라이트는 약 10억~1억 년 전에 형성된 것으로 알려져 있다.

10-12-1. 강원도 영월군 북면 문곡리
천연기념물(413호)인 '문곡리 건열구조 및 스트로마톨라이트' 노두에서 관찰되는 것이다. 약 5억 년 전에 형성된 것으로 알려진 고생대 스트로마톨라이트이다.

10-12-2. 문곡리

10-12-3. 인천시 옹진군 대청면 소청리 소청도 (촬영: 김기룡)
천연기념물(508호)인 '옹진 소청도 스트로마톨라이트 및 분바위' 노두에서 관찰되는 것이다.

10-12-4. 소청도 (촬영: 김기룡)
스트로마톨라이트가 산출되는 지층이다.

10-12-5. 경상북도 경산시 하양읍 대구가톨릭대학교 효성캠퍼스 (촬영: 영남일보 윤제호 기자)
천연기념물(512호)인 '경산 대구가톨릭대학교 백악기 스트로마톨라이트' 노두다.

13 페퍼라이트 peperite

　물기가 많고 아직 덜 굳은 상태의 퇴적물 속으로 뜨거운 용암이 흘러들어와 뒤섞이면서 식은 퇴적암이다. 우리나라에서는 부안 적벽강 등지에서 볼 수 있는데 이곳 페퍼라이트는 약 8,300만 년 전 즉 중생대 말~신생대 초에 분출한 화산활동으로 형성된 것으로 알려져 있다. 페퍼라이트라는 명칭은 프랑스 리마뉴 지방에서 비롯된 것으로 밝은색의 석회암과 어두운색의 현무암이 뭉쳐진 암석 모양이 마치 후추(black pepper)를 뿌려 놓은 듯한 모습과 같다고 해서 붙여진 이름이다. 우리말로 그대로 옮긴다면 '후추암'이 된다.

10-13-1. 충청남도 부안군 변산면 격포리 적벽강
진흙 성분의 셰일과 유문암이 뒤섞여 있다.

10-13-2. 적벽강

10-13-3. 경상북도 청송군 상의리 주왕산 주방계곡
주왕산 세계지질공원의 지질명소 중 하나로 공식명칭은 '주방천 페퍼라이트'이다.

10-13-4. 주방계곡

14 머드볼 mud ball

퇴적암에 포함된 이질적인 둥근 모양의 진흙덩어리다. 퇴적암이 형성될 당시에 주변의 점토질 덩어리가 떨어져 나와 함께 굳어진 것이다. 화강암으로 말하자면 포획암이 만들어지는 원리와 유사한 개념이다. 주변 퇴적암과 암석의 특성이 차이가 나기 때문에 풍화 및 침식과정에서 차별침식을 일으켜 특이한 미지형을 만들어 놓는다. 진도 꽁돌해안의 '돌묘'는 대표적인 사례지형이다.

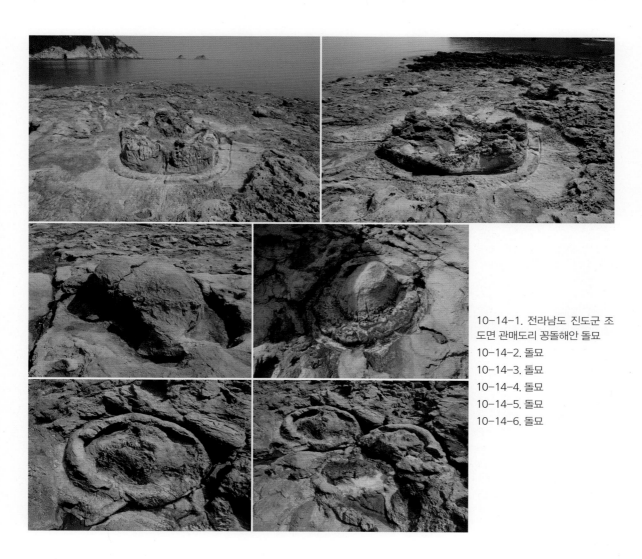

10-14-1. 전라남도 진도군 조도면 관매도리 꽁돌해안 돌묘
10-14-2. 돌묘
10-14-3. 돌묘
10-14-4. 돌묘
10-14-5. 돌묘
10-14-6. 돌묘

15 부정합 不整合 unconformity

상하 두 지층이 현격한 시간적 간격을 두고 존재하는 현상이다. 대개 아래층 암석이 쌓이고 일정 기간 침식이 진행된 후 다시 그 위에 새로운 암석층이 쌓이면서 형성된다. 이러한 시간적 공백기 즉 퇴적결층기(hiatus)가 나타난다는 것은 이 시기에 지역적 혹은 지구적 규모의 환경변화가 있었다는 것을 의미한다.

10-15-1. 강원도 영월군 김삿갓면 와석리 김삿갓계곡
사진 아래쪽의 약 20억 년 된 변성암(편암 및 화강편마암) 위에 약 5억 년 된 퇴적변성암(장산규암)이 놓여 있는 부정합이다. 이는 약 15억 년 이라는 지질시대가 비어 있다는 의미이고 이 기간에는 퇴적 없이 주로 침식작용이 일어났다는 것을 뜻한다.

10-15-2. 제주도 서귀포시 안덕면 사계리
사진 왼쪽의 광해악현무암과 그 위에 쌓인 오른쪽의 하모리층 사이에 부정합 관계가 관찰된다. 광해악현무암은 약 5만 년 전에 만들어졌고 하모리층은 약 5천 년 전에 퇴적된 것이다. 이는 광해악현무암층이 형성된 이후 약 4만 5천 년 동안 주로 침식작용이 진행된 후 다시 그 침식면 위에 하모리층이 퇴적되었음을 의미한다.

10-15-3. 사계리
사진 아래쪽이 광해악현무암, 위쪽이 하모리층이다.

10-15-4. 사계리
하모리층의 상당 부분이 침식되었고 그 일부만 광해악현무암상에 붙어 있다. 이는 현재는 퇴적보다는 침식이 우세하게 작용하고 있음을 보여 준다. 또 다른 미래의 부정합 관계가 진행되는 것이다.

10-15-5. 사계리
침식이 진행된 광해악현무암 위에 하모리층이 퇴적되었음을 보여 준다. 이는 마치 용암대지에서 용암대지 위에 뾰족하게 솟아 있는 기반암이 스텝토로 발달하는 원리와 비슷하다

16 환상구조 環狀構造 circular structure

평면형태가 환상으로 되어 있는 지형이다. 성인에 따라 ① 차별침식형 환상구조, ② 화산성 환상구조로 구분된다. 차별침식형 환상구조는 다시 침식분지와 관입환상구조로 나누어진다. 침식분지는 주로 화강암과 편마암의 차별침식으로 형성된 것으로 강원도 양구의 해안분지가 대표적인 예다. 관입환상구조는 같은 계열의 화강암 저반과 이를 관입한 깔때기 모양의 관입암체 사이에 차별침식이 일어나 만들어진 것으로 경기도 양주의 의정부환상구조가 대표적인 예다. 화산성 환상구조는 화산이 함몰되어 형성된 화산함몰체와 분출된 마그마가 식는 과정에서 구조적으로 만들어진 것 등으로 구분된다. 화산함몰체의 대표적인 사례로는 두류산함몰체, 광주함몰체 등이 있으나 이들은 그 규모가 워낙 크고 오랜 시간이 지나면서 침식이 진행되어 현장에서 실체를 확인하기는 쉽지 않다.

차별침식형 환상구조

10-16-1. 경기도 양주시–의정부시 일원 의정부환상구조
도락산 정상 인근 바위 쉼터에서 양주시 북동쪽을 바라본 경관이다.
10-16-2. 의정부환상구조

10-16-3. 제주도 서귀포시 대정읍 신도리 도구리알해안
10-16-4. 도구리알해안
10-16-5. 도구리알해안
10-16-6. 도구리알해안

제11장

암
석

01 화강암 花崗岩 granite

 점성이 강한 마그마가 땅속 깊은 곳에서 천천히 올라오면서 식은 암석이다. 지구의 지각은 크게 대륙지각과 해양지각으로 구분되는데 이 중 대륙지각은 화강암, 해양지각은 현무암으로 되어 있다. 화강암은 화학적으로는 산성이며, 물리적으로는 입자가 굵고 밝은색을 띠는 것이 특징이다. 밝은색을 띠는 것은 규소(Si) 성분이 많기 때문이다. 화강암을 구성하는 주요 원소는 규소, 칼륨(K), 나트륨(Na)이며 이를 기반으로 하는 주요 광물은 석영, 장석, 운모 등이다. 화강암은 한반도의 암석 중 단일 암석으로는 가장 많은 비중을 차지하며 그 비율은 30%에 달한다. 형성 시기에 따라 대보화강암(중생대 쥐라기)과 불국사화강암(중생대 백악기)으로 구분되는데 대부분은 대보화강암이다. '화강'은 중국 화강지방에서, '대보'는 북한 평남 지방의 대보탄전에서 비롯된 이름이다. 산출 지역에 따라서는 포천화강암(대보화강암), 황등화강암(대보화강암), 서울화강암(대보화강암), 속리산화강암(불국사화강암), 명성산화강암(불국사화강암), 문경화강암(불국사화강암) 등 해당 지명을 붙여 부르기도 한다.

대보화강암

11-1-1. 경기도 남양주시 별내면 불암산 쥐바위

1 2
3

11-1-2. 경기도 양주시 불곡산 복주머니바위

11-1-3. 경기도 의정부시 사패산 사과바위

11-1-4. 경기도 포천시 영북면 자일리 한탄강 화적연

11-1-5. 서울시 도봉구 도봉산

11-1-6. 서울시 종로구 무악동 인왕산 모자바위

불국사화강암

11-1-7. 강원도 속초시 설악산 울산바위
11-1-8. 경상북도 경주시 배동 남산 칠불암 마애불상군
11-1-9. 전라남도 영암군 월출산 (촬영: 김등대)

11-1-12. 전라남도 해남군 두륜산 노승봉 (촬영: 양해봉)

11-1-10. 충청북도 보은군 속리산 문장대
11-1-11. 충청북도 보은군 속리산 법주사 마애여래의좌상

서울화강암(대보화강암)

11-1-13. 경기도 과천시 관악산 연주대

포천화강암(대보화강암)

11-1-14. 경기도 포천시 신북면 기지리 포천아트밸리

황등화강암(대보화강암)

11-1-15. 전라북도 익산시 황등면 황등리

명성산화강암(불국사화강암)

11-1-16. 경기도 포천시 명성산

02 구상암 球狀岩 orbicular rock

　구상구조(구상체, orbicular structure)가 나타나는 암석이다. 구상구조는 암석을 구성하는 광물이 동심원 혹은 방사상 구조로 배열된 것을 말한다. 구상구조는 암석 내부에 특정한 광물의 핵이 존재할 때 이 핵을 중심으로 다른 광물들이 결집하면서 만들어진다. 우리나라에서는 경상북도 상주 운평리 구상화강암, 무주 오산리 구상화강편마암, 부산 전포동 구상반려암 등이 대표적인 구상암으로 알려져 있고 이들 셋은 모두 천연기념물로 지정되어 있다. 이들 구상암들은 다양한 구상구조를 보여 주는데 이 중 가장 전형적인 것은 구상화강편마암이다. 구상화강편마암은 핵에 해당되는 중심부의 암구(岩球)와 이를 둘러싼 바깥 부분의 암각(岩殼)이 뚜렷하게 구분되는 것이 특징이다. 달걀에 비유한다면 암구는 노른자, 암각은 흰자에 해당한다. 구상화강편마암에서 암구는 이질 퇴적암이 변성작용을 받은 것으로 주로 암녹색을 띤다. 암각은 주로 석영이나 장석 같은 화강암질 성분으로 되어 있다. 그러나 암구에 석영 성분이 섞인 것도 있어 그 구조가 간단하지는 않다. 간혹 암각은 없고 암구로만 된 것도 있는데 이는 변성작용이 일어난 화강편마암과 구상화강편마암의 경계부에서 주로 관찰되는 것으로 알려져 있다.

구상화강편마암

11-2-1. 전라북도 무주군 무주읍 무주군청 야외전시장
'무주 오산리 구상화강편마암'이라는 명칭으로 천연기념물 (249호)로 지정되어 있다.
11-2-2. 무주군청
11-2-3. 무주군청
11-2-4. 무주군청

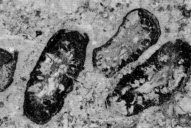
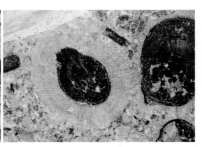

11-2-5. 전라북도 무주군 무주읍 오산리 왕정마을

11-2-6. 왕정마을

구상화강암

11-2-7. 경상북도 상주시 낙동면 운평리 운곡마을
'상주 운평리 구상화강암'이라는 명칭으로 천연기념물(69호)로 지정되어 있다.

11-2-8. 운곡마을

11-2-9. 운곡마을

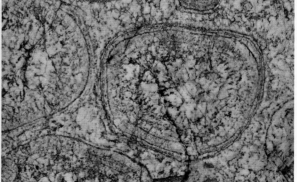

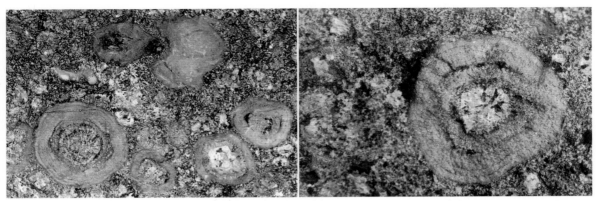

11-2-10. 부산시 부산진구 전포동 (출처: 한국향토문화전자대전)
'부산 전포동 구상반려암'이라는 명칭으로 천연기념물(267호)로 지정되어 있다.

11-2-11. 전포동 (출처: 한국향토문화전자대전)

구과상유문암

11-2-12. 경상북도 청송군 파천면 신흥리 청송호 청송 양수 홍보관 야외 전시장
구상암 중에서도 구과(球顆, spherulite)가 잘 발달되어 있어 붙여진 이름이다. 구과는 구결정(球結晶)이라고도 하며 여러 개의 결정이 한 점에서 방사상으로 배열된 것이 특징이다. 청송 일대에서는 꽃돌이라 부른다. 수석 용어로는 '화문석'이라고도 한다. 구과상 유문암의 원석은 경북 청송군 진보면 괴정리 태행산 일원에서 산출된다.

03 현무암 玄武岩 basalt

점성이 약한 마그마가 지표면으로 빠르게 이동하여 대기 중으로 분출하면서 식은 암석이다. 지구 규모에서 보면 대륙지각은 대부분 화강암, 해저지각은 현무암으로 되어 있다. 화학적으로는 알칼리성을 띠고, 물리적으로는 입자가 작고 색은 어둡다. 현무암이 어두운색을 띠는 것은 화강암에 비해 상대적으로 규소(Si) 성분이 적기 때문이다. 현무암을 구성하는 주 원소는 철(Fe), 마그네슘(Mg), 칼슘(Ca) 등이며 이를 기반으로 하는 사장석, 휘석, 감람석 등이 현무암의 주요 광물로 되어 있다. 영어 basalt의 어원은 명확하지 않은데 '매우 단단한 돌'이라는 뜻의 그리스어 혹은 '철을 함유한 돌'이라는 의미의 에티오피아어에서 비롯된 것으로 보고 있다. 우리말 현무(玄武)는 '검고 단단한 돌'이라는 의미다.

11-3-1. 강원도 고성군 토성면 학야리 운봉산

11-3-2. 경기도 연천군 연천읍 고문리 재인폭포
11-3-3. 경기도 포천시 영북면 대회산리 한탄강 협곡

11-3-4. 제주도 서귀포시 대천동 약근천 하구
11-3-5. 제주도 제주시 우도면 연평리 비양도

04 안산암 安山岩 andesit

　화강암과 현무암의 중간적 성질을 갖는 화산암으로 중성의 세립질이며 색은 어둡다. 중성의 마그마가 지표 가까이 올라와 땅속에서 식거나 분출하여 만들어진 것이다. 주로 사장석, 각섬석, 휘석 등의 광물로 구성되어 있는데 대부분은 사장석이다. 영어 andesit는 남아메리카 안데스산맥을 대표하는 암석이라는 의미다. 화산암 중에서는 현무암 다음으로 흔한 암석이다. 안산암질 마그마는 해양지각을 구성하는 현무암이 판 운동에 의해 대륙지각 속으로 빨려 들어간 후 압력을 받아 용해되고 재결정 작용을 받아 만들어진다. 환태평양조산대에 분포하는 많이 화산들이 이에 해당한다. 특정 광물의 함유 정도에 따라 조면암질안산암, 현무암질조면안산암, 톨레이아이트질안산암 등 다양한 이름으로 불린다. 톨레이아이트(tholeiite)는 현무암의 일종으로 이산화규소 함량이 많은 것이 특징이다.

조면암질안산암

11-4-1. 제주도 서귀포시 강정동 서건도
11-4-2. 서건도

11-4-3. 제주도 서귀포시 서귀동 문섬

11-4-4. 제주도 서귀포시 중문동 천지연
11-4-5. 천지연

현무암질 조면안산암

11-4-6. 제주도 서귀포시 대정읍 가파도
11-4-7. 가파도

톨레이아이트질 안산암

11-4-8. 제주도 서귀포시 대정읍 마라도
11-4-9. 마라도

05 조면암 粗面岩 trachyte

안산암과 화강암 사이의 중간적 성질을 갖는 세립질 화산암이다. 주로 알칼리장석과 미량의 고철질 광물로 구성되어 있다. 조면암질 마그마는 알칼리성의 현무암질 마그마에서 분화된 '변이 마그마'로서 우리가 일반적으로 알고 있는 화성암의 '화강암–현무암'의 분류체계에는 들어가 있지 않다. 조면암은 화산암이면서 화강암질 마그마처럼 점성이 높아 급경사의 화산체를 만든다. 영어명 trachyte는 '거칠다'는 뜻의 그리스어에서 가져왔고 우리말 조면암도 같은 의미로 쓰였다.

11-5-1. 경상북도 울릉군 북면 천부리 석포전망대 부근 도로변

11-5-2. 경상북도 울릉군 북면 현포리 노인봉
11-5-3. 경상북도 울릉군 북면 현포리 성불사

11-5-4. 경상북도 울릉군 북면 현포리 송곳봉

11-5-5. 경상북도 울릉군 서면 남서리 곰바위
11-5-6. 경상북도 울릉군 울릉읍 독도리

11-5-7. 제주도 서귀포시 보목동 섶섬

11-5-8. 제주도 서귀포시 안덕면 감산리 박수기정 해안

11-5-9. 박수기정 해안

11-5-10. 제주도 서귀포시 안덕면 사계리 산방산

11-5-11. 제주도 서귀포시 천지동(서홍동)
서귀포층 패류화석이 산출되는 해안이다.

06 유문암 流紋岩 rhyolite

　암석의 화학적 구성 성분은 화강암과 거의 같지만 땅속 깊은 곳에서 천천히 식은 화강암과는 달리 지표면 가까이에서 빨리 식은 암석이다. 주로 석영, 알칼리장석, 사장석으로 구성된다. 일부 암석구조에서 용암이 흐른 흔적 즉 유문이 나타난다고 해서 붙여진 이름이다. 영어명 rhyolite는 '흐르는 돌'이라는 뜻의 그리스어에서 비롯되었다. 화강암처럼 규소 함량은 높고 현무암보다는 철과 마그네슘 함량이 낮아 마그마의 점성이 매우 높은 것이 특징이다. 이러한 암석 특성 때문에 유문암의 경우 대부분 돔 형태의 화산체가 만들어진다. 유문암보다 석영 성분이 적은 것이 조면암이다.

11-6-1. 경상북도 청송군 주왕산면 상의리 주왕산

11-6-2. 전라북도 군산시 옥도면 무녀도리 무녀도 해안
해식와가 발달한 해안이다.

11-6-3. 전라북도 고창군 아산면 계산리 할매바위

11-6-4. 전라북도 군산시 옥도면 선유도리 선유도 망주봉
11-6-5. 전라북도 고창군 아산면 반암리 병바위

세계의 지형 **조면암**

11-6-6. 미국 옐로스톤국립공원 옐로스톤강 협곡

07 화산쇄설암 火山碎屑岩 volcaniclastic rock

    화산재, 화산모래, 화산자갈 등 고체 상태로 분출한 화산분출물들이 쌓여 만들어진 암석이다. 집괴암이라고도 한다. 화산쇄설암 중에서도 특히 주로 화산재로 이루어진 것은 응회암이라고 해서 따로 구분한다. 쇄설암의 기원에 따라 ① 화성쇄설암(phroclastic rock), ② 자가쇄설암(autoclastic rock), ③ 지표쇄설암(epiclastic rock) 등 3가지로 구분된다. 화성쇄설암은 직접적인 폭발성 분화로 쇄설물이 만들어지는 것, 자가쇄설암은 비폭발성 분출물이 급격히 식는 과정에서 쪼개진 후 쌓인 것, 지표쇄설암은 지표면에 쌓인 분출물들이 풍화와 침식을 받고 다른 장소로 이동되어 재퇴적된 것을 말한다. 그러나 이들 셋을 현장에서 판별해 내기는 쉽지 않다.

11-7-1. 경상북도 울릉군 북면 천부리
화산쇄설암 위쪽에 있는 것은 조면암이다.

11-7-2. 경상북도 울릉군 서면 남서리

11-7-3. 남서리

11-7-4. 남서리

11-7-5. 남서리
이 노두는 버섯바위로 불린다.

11-7-6. 경상북도 울릉군 서면 남서리 각시봉

11-7-7. 각시봉

11-7-8. 경상북도 울릉군 서면 남서리 통구미해안 사자바위

11-7-11. 경상북도 울릉군 울릉읍 도동리
화산쇄설암 위쪽에는 조면암이 놓여 있다.

11-7-12. 경상북도 포항시 남구 동해면 입암리 선바위해변 여왕
바위

11-7-9. 경상북도 울릉군 서면 남서리 통구미해안 투구봉
11-7-10. 경상북도 울릉군 울릉읍 독도리 동도 부채바위

세계의 지형
화산쇄설암

11-7-13. 일본 산인해안 효고현 신온
센쵸 타지마해안

08 지표쇄설암 地表碎屑岩 epiclastic rock

화산분화로 지표면에 쌓였던 화산쇄설물이 풍화와 침식을 받아 분해되고 다른 장소로 이동되어 재퇴적된 암석이다. 화산암과 퇴적암의 중간 성질을 지닌 암석이라고 할 수 있다. 우리나라에서는 제주도의 신양리층과 하모리층이 대표적인 예로 알려져 있다. 신양리층은 약 5000년 전, 하모리층은 5000~2만 년 전에 만들어진 것으로 추정하고 있다. 우리나라에서 가장 젊은 암석층의 하나로, 아직 완전히 암석화하지 않았기 때문에 쉽게 풍화·침식이 일어난다. 2004년에는 하모리층에서 선사시대 사람발자국화석이 발견되었고 천연기념물 464호로 지정되어 있다.

신양리층

11-8-1. 제주도 서귀포시 성산읍 신양리
성산일출봉의 화산쇄설암이 떨어져 나와 재퇴적된 암석층이다. 성산일출봉에서 시작되어 광치기해변을 지나 섭지코지 북동부 해안까지 분포한다.
11-8-2. 신양리

하모리층

11-8-3. 제주도 서귀포시 안덕면 사계리
송악산의 화산쇄설암이 떨어져 나와 재퇴적된 암석층이다. 안덕면 사계리에서 대정읍 상모리와 하모리 해안에 걸쳐 분포한다.

11-8-4. 사계리

11-8-5. 사계리

11-8-6. 제주도 서귀포시 대정읍 하모리   11-8-7. 하모리

09 응회암 凝灰岩 tuff

　화산쇄설물 중 지름 약 2mm(혹은 4mm) 이하의 화산재가 약 75% 이상 함유된 화산쇄설암이다. 영어명 tuff는 '화산분출물로 된 암석'이란 뜻의 라틴어에서 비롯되었다. 응회암은 암석의 근원 물질인 마그마를 강조하면 화성암이지만, 암석 형성 메커니즘인 퇴적을 강조하면 퇴적암으로 분류되는 이중성을 지닌다. 과거에는 주로 퇴적암으로 취급했으나 최근에는 화성암으로 취급하는 경향이 있다. 구성성분에 따라 유문암질응회암, 조면암질응회암, 안산암질응회암, 현무암질응회암 등으로 구분된다. 응회암은 화산재가 짧은 시간 동안 넓은 지역까지 날아가 일정하게 퇴적되어 형성되므로 서로 다른 지역에 존재하는 지층의 연대를 밝히는 열쇠층(key bed)으로 이용된다. 백두산 폭발 시 분출된 화산재는 일본 서부해안지역까지 날아가 쌓인 것으로 알려져 있다.

11-9-1. 경기도 연천군 청산면 장탄리 좌상바위
중생대 현무암질 응회암이다.

11-9-2. 경상북도 포항시 남구 동해면 입암리
선바위해변 힌디기바위
11-9-3. 선바위해변 힌디기바위

11-9-4. 전라남도 목포시 용해동 갓바위

11-9-5. 전라남도 진도군 조도면 관매도리 끈바위
11-9-6. 전라남도 진도군 조도면 관매도리 꽁돌

11-9-7. 전라남도 진도군 조도면 관매도리 방아섬 남근바위

11-9-8. 방아섬 남근바위

11-9-9. 전라남도 화순군 도곡면 효산리 고인돌유적지

11-9-10. 전라남도 화순군 도암면 대초리 운주사

세계의 지형 **응회암**

11-9-11. 튀르키예 카파도키아

10 퇴적암 堆積岩 sedimentary rock

다양한 성인의 물질들이 쌓여 만들어진 암석이다. 성인에 따라 쇄설성 퇴적암, 비쇄설성 퇴적암(유기적 퇴적암+화학적 퇴적암)으로 구분된다. 지구상 대부분의 퇴적암은 암석의 부스러기가 퇴적된 쇄설성 퇴적암이다. 쇄설성 퇴적암은 구성물질의 종류에 따라 역암(2mm 이상의 자갈), 사암(2~1/16mm의 모래), 이질암(1/16mm이하의 실트와 점토) 등으로 구분된다. 이질암 중 얇게 쪼개지는 성질을 가진 것은 셰일(shale)이라고 해서 따로 분류한다. 지각(地殼) 자체는 대부분 화성암으로 되어 있지만 육지 표면은 70%가 퇴적암이다. 그러나 한반도의 경우 대부분 화성암이나 변성암이고 상대적으로 퇴적암 비중은 적다. 퇴적암의 가장 큰 특징은 생성 시기를 달리하는 층서(層序)가 나타난다는 것이다. 층서는 층(層, formation), 층군, 누층군 등으로 구성된다. 층은 층서의 기본 단위를 이루는 것으로 동일한 암석이 시기를 달리하여 층을 이루기도 하고 서로 다른 암석이 교대로 쌓여 호층을 이루기도 한다. 서로 다른 두 개 이상의 층을 묶은 것이 층군이고 이들 층군끼리 다시 묶은 것이 누층군이다. 층서단위는 리(동), 군(시), 도 같은 행정구역 단위를 나누는 것과 같고 해당 층 앞에 최초로 발견된 지명을 붙이게 된다. 퇴적암이 여러 층으로 구성되는 것은 층별 암석이 퇴적될 당시의 환경이 달랐기 때문이다. 층과 층 사이에는 '시간의 연속성'이 결여된 부정합이 나타나기도 하는데 이는 나무의 나이테로 말하자면 특정 나이테가 누락되어 있는 것과 같다. 부정합이 존재한다는 것은 지각변동이나 기후변화 등에 의해 퇴적 작용이 일시적으로 중단되고 한동안 침식이 진행된 이후 다시 퇴적이 개시되었다는 의미다.

11-10-1. 강원도 삼척시 도계읍 심포리 적각리층에 속한다.

415

11-10-2. 전라남도 여수시 화정면 사도리 증도
신성리층에 속한다. 이는 경상누층군-유천층군의 한 계열이다.

11-10-3. 사도리 추도

11-10-4. 전라남도 해남군 황산면 우항리
우항리층에 속한다. 이는 경상누층군-해남층군의 한 계열이다.

11-10-5. 전라북도 부안군 변산면 격포리 적벽강
격포리층에 속한다. 이는 경상누층군-격포층군의 일부다.

11-10-6. 전라북도 부안군 변산면 격포리 채석강
격포리층에 속한다.

11-10-7. 채석강

11-10-8. 경상북도 구미시 천생산
퇴적암의 층리를 반영하여 정상부가 테이블 모양으로 형성되어 있다.
기반암은 역암 및 역질사암이 호층을 이룬다.

11-10-9. 천생산

11-10-10. 천생산

세계의 지형 **퇴적암**

11-10-11. 오스트레일리아 블루마운틴 세자매봉
블루마운틴은 두꺼운 사암으로 되어 있다. 세자매봉은 퇴적암의 층리구조가 잘 나타나는 노두다.

11-10-12. 블루마운틴
세자매봉 가는 길 옆에 노출된 사암풍화층이다.

11 역암 礫岩 conglomerate

지름 2mm 이상의 자갈로 구성된 퇴적암이다. 그러나 역암이라고 해서 모두 자갈로 이루어진 것은 아니며 보통 자갈이 30% 이상 함유된 것을 역암이라고 부른다. 이는 역암의 경우라도 최대 70%는 모래나 점토 등으로 채워져 있다는 뜻이다. 자갈 사이에 채워진 모래나 점토를 기질(基質, matrix)이라고 하는데 이는 자갈을 서로 결합시켜 하나의 암석으로 굳어지게 하는 역할을 한다. 기질은 대부분 모래로 되어 있다. 역암을 구성하는 자갈은 보통 둥근 형태를 하고 있지만 때로는 각진 형태도 있는데 이는 각력암(breccia)이라고 해서 따로 구분한다. 역암은 보통 하천이나 호수와 같은 유수와 관련하여 발달한다. 이에 대해 빙하작용으로 만들어진 것은 빙력암, 화산 기원은 화산쇄설성역암이라고 한다. 역암은 전체 퇴적암의 1% 정도를 차지한다.

11-11-1. 강원도 삼척시 도계읍 심포리 통리협곡
11-11-2. 통리협곡

11-11-3. 전라북도 무주군 적상면 북창리 적상산

11-11-4. 강원도 정선군 정선읍 봉양리
'정선 봉양리 쥐라기 역암'이라는 이름으로 천연기념물(556호)로 지정
되어 있다.

11-11-5. 봉양리

11-11-6. 경상북도 포항시 장기면 영암리
11-11-7. 영암리

11-11-8. 전라북도 진안군 마령면 동촌리 마이산
11-11-9. 마이산

12 사암 sandstone

　지름 2mm~1/16mm의 모래 입자로 구성된 퇴적암이다. 이들 입자는 광물 형태로서의 석영과 장석 그리고 암편(rock fragment) 등으로 되어 있다. 사암은 전체 퇴적암의 25% 정도를 차지한다. 자갈이 섞인 사암은 역질사암이라고 한다. 우리나라의 경우 순수한 사암보다는 역암, 역질사암, 사암등이 호층을 이루면서 존재하는 경우가 많다.

11-12-1. 경상북도 구미시 천생산
천생산은 역질사암과 역암이 호층을 이룬다.

11-12-2. 천생산

11-12-3. 전라북도 부여군 내산면 저동리 미암사
주로 역질사암의 형태로 존재한다.

11-12-4. 미암사

11-12-5. 충청북도 단양군 가곡면 보발리 보발2교 주변 하상
11-12-6. 보발리

세계의 지형 **사암**

11-12-7. 오스트레일리아 갭파크 해안
노두 중간쯤에 사암의 특징 중 하나인 빗살무늬 모양의 사층리가 관찰된다.

11-12-8. 갭파크 해안

11-12-9. 멕시코 카리브해 이슬라무헤레스 섬
풍화가 극단적으로 진행되었지만 사층리 윤곽은 그대로 남아 있다.

13 이질암 泥質岩 mudrock

지름 16분의 1mm 이하의 세립질 퇴적물(점토, 실트 등)이 50% 이상으로 구성된 퇴적암이다. 이질암은 퇴적암의 절반 정도를 차지할 정도로 가장 흔한 암석이다. 그러나 이질암은 역암이나 사암에 비해 상대적으로 풍화 및 침식에 약하기 때문에 쉽게 야외에서 관찰되지는 않는다. 주성분에 따라 점토암, 실트암, 이암(점토+실트)으로 구분한다. 이질암 중 얇은 엽층리가 발달해 있어 쉽게 쪼개지는 것이 셰일이다. 보통 사암은 밝은색, 이질암은 어두운 색을 띠면서 다양한 색을 지닌다는 것이 특징이다. 이질암의 색은 크게 두 가지 계열로 이루어져 있다. 주로 철 성분의 종류와 상대적 비율 그리고 산화 정도에 따라 녹색–자주색–적색 계열, 유기탄소의 함량에 의해 녹색–회색–흑색 계열이 만들어진다.

11–13–1. 경기도 안산시 단원구 선감동 탄도 안산대부광산퇴적암층
암석을 채취하던 광산의 절개지를 문화재(경기도 기념물 제194호)로 관리하고 있는 곳이다. 사암과 이암이 섞여 있는 곳이지만 전반적으로 이질암이 두드러지게 나타난다.

11–13–2. 탄도

11-13-3. 경기도 안산시 단원구 선감동 불도마을
이질암은 풍화와 침식에 약하기 때문에 야트막한 구릉지대를 이루고 있는 것이 보통이다.

11-13-4. 불도마을

11-13-5. 전라남도 여수시 화도면 사도리 사도
11-13-6. 전라북도 부안군 변산면 격포리 적벽강 해안
해안 일대는 광범위하게 이질암의 하나인 흑색 셰일 층으로 덮여 있다.

14 석회암 石灰巖 limestone

바다생물의 석회질 껍질이 쌓여 만들어진 퇴적암이다. 대부분 탄산칼슘($CaCO_3$)으로 이루어져 있으며 광물학적으로는 방해석, 아라고나이트 등 두 가지 형태로 구성되어 있다. 그러나 석회암이라고 해서 100% 탄산칼슘으로 구성된 것은 아니며 규산, 장석, 점토, 황철석 등과 같은 불순물들이 섞여 있는 것이 보통이다. 순수한 탄산칼슘은 백색을 띠지만 이들 불순물의 종류와 함량에 따라 갈색, 붉은색 등을 띠기도 한다. 석회암은 전체 퇴적암 중 약 10%를 차지한다. 탄산칼슘은 빗물 등 약산성의 물에 잘 녹기 때문에 카르스트라고 하는 특이한 석회암지형을 만들어 놓는다.

11-14-1. 강원도 동해시 북평동 추암해변
11-14-2. 강원도 영월군 한반도면 옹정리 큐브존리조트
리조트 조성 과정에서 드러난 석회암 기반암을 조경석으로 활용하고 있다.

11-14-3. 강원도 태백시 구문소동 구문소

11-14-4. 경상북도 문경시 산북면 우곡리 문경돌리네습지   11-14-5. 충청북도 단양군 매포읍 하괴리 남한강 하안

11-14-6. 충청북도 단양군 적성면 현곡리 단양현곡리고려고분
중앙고속도로 건설 공사 과정에서 출토된 고분으로 지금은 중앙고속
도로 단양팔경휴게소에 복원되어 있다. 고분의 벽과 덮개돌은 모두 석
회암이다.

11-14-7. 충청북도 제천시 금성면 월굴리 금월봉 휴게소

15 점판암 粘板岩 slate

점토나 실트로 구성된 세립질 퇴적암(세일, 이질암)이 낮은 온도와 강한 압력에서 변성된 암석이다. 낮은 온도에서 변성되기 때문에 재결정작용은 일어나지 않고 압력을 받는 방향으로 엽리(점판벽개)가 잘 발달하여 얇게 쪼개지는 성질이 있다. 점판암과는 반대로 높은 온도와 약한 압력하에서 변성을 받으면 상대적으로 쪼개짐의 성질은 약하고 재결정작용이 두드러진 호온펠스가 발달한다. 점판암에서 변성작용이 더 진행되면 점판암→천매암→편암→편마암 순으로 또 다른 변성암이 만들어진다.

11-15-1. 충청북도 보은군 회인면 고석리
11-15-2. 고석리

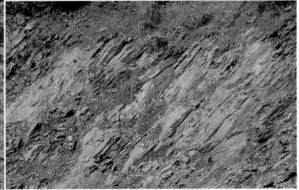

11-15-3. 충청북도 보은군 회인면 쌍암리

11-15-4. 쌍암리

11-15-5. 충청북도 보은군 보은읍 어암리 삼년산성 부근

11-15-6. 충청북도 옥천군 군북면 추소리 추소정 산책로

16 천매암 千枚岩 phyllite

이질암이 변성작용을 받아 만들어진 암석 중 하나다. 천매암은 다른 변성암에 비해 암석 표면에서 광택이 나는 것이 특징이다. 암석 이름은 천매의 나뭇잎이 겹겹이 쌓여 있는 듯한 모양의 줄무늬 즉 엽리(葉理, foliation)가 나타난다는 뜻이다. 그 모양은 마치 두껍게 묶여 있는 깻잎장아찌를 연상시킨다. 엽리는 변성과정에서 특정 광물이 일정한 방향으로 재배열되면서 만들어지는데 변성 정도가 심해짐에 따라 점판암→천매암→편암→편마암 등이 발달한다. 이들 변성암의 공통점은 엽리가 발달하는 것이지만 각 단계에서의 엽리 특성은 조금씩 달라진다. 천매암 엽리는 육안으로 쉽게 관찰되고 곡선 형태로 휘어져 있는 경우가 많다.

11-16-1. 충청북도 청주시 상당구 미원면 옥화리 천경대

11-16-2. 천경대
11-16-3. 천경대
11-16-4. 천경대

11-16-5. 천경대
11-16-6. 천경대
11-16-7. 천경대

17 편암 片岩 schist

　퇴적암의 하나인 이질암(셰일, 점토 등)이 변성작용을 받아 발달한 암석이다. 일부 편암은 세립질 현무암으로부터 만들어지기도 한다. 변성 정도는 변성암 중에서 천매암보다 강하고 편마암보다는 약하다. 이질암은 변성 정도가 강해질수록 점판암→천매암→편암→편마암 순으로 변해 간다. 편암이라는 암석 이름은 잘게 쪼개진다는 뜻이다. 편암이 잘 쪼개지는 것은 편리(schistosity)라고 하는 엽리가 발달했기 때문이다. 편리는 판상(板狀) 혹은 침상(針狀)의 광물들이 일정한 방향성을 갖고 존재하는 구조를 말한다. 우리나라에서는 경기육괴, 영남육괴 일대에서 주로 관찰된다. 경기육괴와 영남육괴는 한반도를 구성하는 11개 지체구조에서 북한의 낭림육괴와 함께 한반도의 기반을 이루는 땅덩어리이다.

11-17-1. 경기도 안산시 단원구 대부북동 구봉도해변
11-17-2. 인천시 옹진군 북도면 장봉리 장봉도 쪽쪽골 해변

11-17-3. 쪽쪽골
11-17-4. 쪽쪽골

11-17-5. 인천시 중구 운복동 예단포해안
선캄브리아기 편암 속으로 중생대 쥐라기 화강암 형성 당시의
암맥이 관입해 있다.

11-17-6. 예단포
편리가 잘 발달해 있다.

11-17-7. 예단포
편리가 잘 발달해 있다.

11-17-8. 예단포
백운모가 많이 포함된 편암이다.

11-17-9. 예단포
편암 덩어리가 화강암에 포획되어 있다.

11-17-10. 예단포
편암과 암맥의 조각이 떨어져 나와 거친 자갈이 형성되어 있다.

18 호온펠스 hornfels

　이질암(점토나 실트로 구성된 암석)이나 사암 같은 세립질 퇴적암이 뜨거운 마그마와 접촉하여 변성작용을 일으킨 암석이다. 큰 압력을 받지 않고 오로지 온도의 영향만 받았기 때문에 조직의 방향성이 뚜렷이 나타나지 않고 퇴적 수평층이 거의 그대로 유지되면서 불규칙한 모자이크 줄무늬 구조가 형성되어 있는 것이 특징이다. 영어명 hornfels는 암질이 매우 치밀하고 단단해서 뿔처럼 날카롭게 쪼개지는 성질을 가지고 있다고 해서 붙여진 이름이다. 각암(角岩)으로 직역해 쓰기도 한다.

11-18-1. 부산시 영도구 동삼동 태종대
전체적으로 퇴적층은 수평을 이루고 있지만 층 내부에는 녹색과 흰색의 줄무늬가 불규칙하게 나타난다. 녹색은 칼슘·마그네슘·철 등을 함유한 녹색광물(녹니석, 녹렴석, 각섬석 등), 흰색은 규소·나트륨으로 구성된 흰색광물(석영, 사장석)이다.

11-18-2. 태종대
11-18-3. 태종대

19 편마암 片麻岩 gneiss

화성암이나 퇴적암 같은 기존 암석이 고온고압하에서 가장 강력한 변성을 받아 만들어진 암석이다. 다른 변성암에 비해 새로운 광물들이 재결정작용을 일으켜 뚜렷한 줄무늬가 만들어지는 것이 특징이다. 무늬 모양에 따라 안구상편마암, 호상편마암, 화강편마암 등으로 구분되는데 이 중 가장 일반적이고 대표적인 것은 호상편마암이다. 호상편마암은 대개 밝은색의 규장질 광물과 어두운색의 고철질 광물로 이루어진 각각의 줄무늬가 교대로 층을 이루고 있다. 화강편마암은 줄무늬가 나타나지 않기도 한다. 한반도에서는 화강암과 함께 가장 흔하게 볼 수 있는 것이 편마암류이고 그들 대부분은 호상편마암이다.

11-19-1. 경기도 가평군 설악면 방일3리 용소유원지
전형적인 호상편마암이다. 용소유원지 중에서도 방일우리교 아래에서 전형적인 노두를 관찰할 수 있다. 유명산자연휴양림 입구에서 약 2km 되는 지점이다.

11-19-2. 용소유원지
11-19-3. 용소유원지

433

| 1 | 2 |
| 3 | |

11-19-4. 충청남도 태안군 원북면 방갈리 분점도

11-19-5. 인천시 강화군 화도면 동막리

11-19-6. 경상북도 영덕군 영해면 대진리 해안

11-19-7. 충청남도 태안군 이원면 당산리 소코뚜레바위해안

11-19-8. 소코뚜레바위해안

20 안구상편마암 眼球狀片麻岩 augen gneiss

안구 모양의 광물 혹은 광물집합체가 엽리 구조를 따라 배열된 편마암이다. 영어명 augen은 독일어에서 비롯된 것으로 안구라는 뜻이다. 안구 결정체를 이루는 물질은 대부분 석영, 장석, 석류석 등이다. 편마암은 암석의 기원에 따라 화성암 기원의 정편마암, 퇴적암 기원의 준편마암으로 구분하는데 안구상편마암은 어느 기원의 편마암에서든 발달하지만 대부분은 화성암 기원으로 알려져 있다. 즉 화성암 속에 존재하던 반정(斑晶, 주변 광물보다 훨씬 큰 형태로 존재하는 광물)이 강한 변성작용을 받아 안구상 조직으로 변하는 것이다.

11-20-1. 경기도 양주시 장흥면 일영리 석현천
권율장군 묘소 앞을 흐르는 석현천의 충장교~대동교 구간에서 관찰된다.

11-20-2. 석현천
11-20-3. 석현천

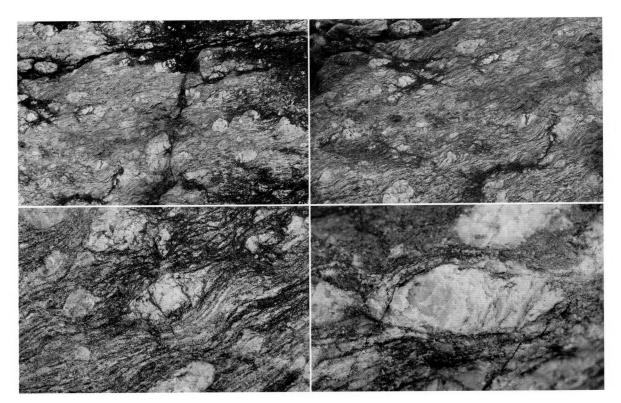

11-20-4. 석현천
11-20-5. 석현천
11-20-6. 석현천
11-20-7. 석현천

21 규암 硅岩 quartzite

석영(SiO_2)의 함량이 90% 이상인 매우 단단한 암석이다. 좁은 의미에서는 석영질이 풍부한 사암이나 처어트(chert) 등이 변성작용을 받아 형성되는 것으로 정의하지만 원래부터 석영 함량이 높은 석영질 사암의 경우도 규암으로 취급하는 경향이 있다. 순수한 석영으로만 된 규암은 보통 흰색이지만 산화철이 불순물로 포함된 경우에는 적색 내지 분홍색을 띤다.

11-21-1. 전라남도 신안군 흑산면 홍도리 곰바위

11-21-2. 충청남도 서산시 대산읍 독곶리 코끼리바위
11-21-3. 코끼리바위

437

22 혼성암 混成岩 migmatite

　변성암과 화성암이 섞여 있는 암석이다. 화성암이 고온 상태에서 변성작용을 받을 때 일부만 녹고 일부는 녹지 않는 부분용융 작용이 일어나면 혼성암이 만들어진다. 이는 암석 내에 존재하는 광물의 녹는 점이 다르기 때문에 일어나는 현상이다. 같은 온도 조건에서라면 석영과 장석류는 우선적으로 녹아 재결정을 이루지만 각섬석이나 흑운모 같은 고철질 광물은 잘 녹지 않고 고체 상태로 그대로 존재하는 것이다. 한반도의 암석 중 가장 오래된 것은 북한 지방의 관모육괴 지대에서 발견된 화강편마암(약 27억 년)이고 남한에서 가장 오래된 것은 경기육괴(인천 대이작도)에 존재하는 토날라이트질 혼성암(약 25억 년)인 것으로 알려져 있다. 토날라이트(tonalite)는 규장질 광물(석영 및 사장석)을 주성분으로 하는 암석으로 석영섬록암으로도 불린다.

11-22-1. 인천시 옹진군 자월면 이작리 대이작도
11-22-2. 대이작도
11-22-3. 대이작도

23 페그마타이트 pegmatite

　마그마가 땅속 깊은 곳에서 천천히 식으면서 만들어진 암석이다. 밝은 흰색을 띠며 보통 국지적으로 암맥 형태로 존재한다. 암석의 구성 광물이 화강암과 비슷하고 결정 입자들이 무척 굵기 때문에 거정질 화강암으로도 불린다. 그러나 정확히 말하자면 페그마타이트는 화강암은 아니다. 주성분은 석영과 장석이고 미량의 운모가 포함된다. 영어명은 석영과 장석이 꽉 맞물려 '단단하게 연결되어 있다'라는 뜻의 그리스어에서 비롯된 것이다. 결정 입자가 굵은 것은 마그마가 지하 깊은 곳에서 천천히 식으면서 만들어졌기 때문이다. 이러한 암석 형성 메커니즘으로 인해 페그마타이트에는 보석류와 같은 희귀 광물이 집적된 경우가 많다.

11-23-1. 충청남도 부여군 내산면 저동리 미암사 경내 쌀바위
11-23-2. 쌀바위

11-23-3. 쌀바위
11-23-4. 쌀바위

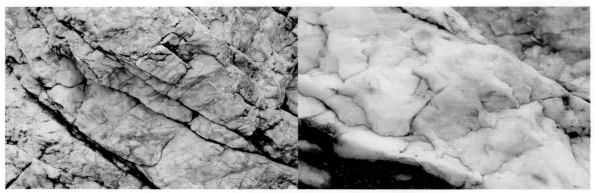

24 대리암 大理岩 marble

석회암이 변성작용을 받아 만들어진 암석이다. 대리석이라고도 한다. 순수한 대리암을 구성하는 광물은 백색의 방해석이지만 대부분 대리암에는 유기물, 황철석 등 다양한 미량 광물들이 섞여 있는 것이 보통이다. 대리암 특유의 아름다운 무늬는 바로 이러한 미량 광물에 의한 것이다. 대리암이라는 암석명은 중국 윈난성의 대리부(大理府)라는 지명에서 비롯된 것이다. 우리나라에서는 유일하게 강원도 정선에서 대리암이 채굴되고 있다.

11-24-1. 강원도 정선군 여량면 남곡리
㈜정선대리석 채석장이다.

11-24-2. 남곡리
11-24-3. 남곡리

11-24-4. 인천시 옹진군 대청면 소청리 소청도 분바위 (촬영: 김선중)
대리암 표면이 풍화작용을 받아 흰색의 분처럼 보인다고 해서 붙여진 이름이다.

11-24-5. 분바위 (촬영: 김선중)

11-24-6. 인천시 옹진군 북도면 장봉리 장봉도 한들해변
해변 북쪽 끝에 대리암의 노두가 드러나 있다.

11-24-7. 한들해변
11-24-8. 한들해변

제12장

빙하지형

01 빙하 氷河 glacier

산지 경사면을 따라 흘러내리는 얼음덩어리이다. 설선고도 이상의 고산지대에서는 눈이 녹지 않고 계속 누적되어 단단한 얼음결정체가 만들어지고 이것이 중력에 의해 움직이면 빙하가 된다. 빙하를 구성하는 얼음은 빙하빙이라고 한다. 영어 glacier는 유럽 사부아지역(프랑스–스위스 접경지대)의 지역언어 '움직이는 얼음'(glaciere)에서 비롯되었다. 빙하는 그 위치에 따라 ① 빙모, ② 권곡빙하, ③ 현곡빙하, ④ 곡빙하, ⑤ 산록빙하, ⑥ 대륙빙하, ⑦ 해안빙하, ⑧ 빙붕, ⑨ 유빙 등으로 구분되며, 빙하의 특성에 따라서는 ⑩ 암석빙하, ⑪ 빙핵암석빙하(오염된 빙하), ⑫ 암설피복빙하 등으로 구분된다. 빙하가 구부러져 흐를 경우 빙하에 가해지는 압력차에 의해 빙하빙에 균열이 생기는데 이를 크레바스라고 한다.

빙모

12-1-1. 아이슬란드 에이야프야틀라요쿨

권곡빙하

12-1-2. 미국 알래스카 맥킨리산
12-1-3. 미국 알래스카 카타렉트빙하

현곡빙하

12-1-4. 노르웨이 브릭스달 요스테달 푸른빙하

곡빙하

12-1-5. 스위스 체르마트 고르너빙하 지류(Unt.Theodulglet-
scher)
12-1-6. 미국 알래스카 맥킨리산

12-1-7. 아이슬란드 스비나펠스요쿨
12-1-8. 아이슬란드 스카프타펠

산록빙하

12-1-9. 아이슬란드 바트나요쿨
12-1-10. 미국 알래스카 거드우드

대륙빙하

12-1-11. 아이슬란드 에이야프야틀라요쿨

447

12-1-12. 미국 알래스카 위디어

빙붕

12-1-13. 미국 알래스카 서프라이즈빙하

12-1-14. 미국 알래스카 해리만피오르 베리빙하

유빙

12-1-15. 아이슬란드 바트나요쿨 요쿨살롱

요쿨살롱은 우리말로 '빙하호수'다. 융빙수가 흘러들어 호수가 되었고 이 호수물은 바다로 빠져나간다.

12-1-16. 요쿨살롱

암석빙하

12-1-17. 미국 알래스카 맥킨리산

빙핵암석빙하

12-1-18. 미국 알래스카 마타누스카빙하

암설피복빙하

12-1-19. 미국 알래스카 맥킨리산

크레바스

12-1-20. 미국 알래스카 맥킨리산

449

02 　호른 horn

　빙하의 차별적 침식작용에 의해 남아 있는 뾰족한 산봉우리다. 고산지대에서 발달한 빙하는 산사면의 여러 방향으로 흐르면서 빙하침식곡을 만드는데 이들 침식곡이 합쳐지면 그 사이에 독립된 형태의 호른이 남게 된다. 대부분의 호른은 침식곡 중에서 가장 상류지역에서 발달하는 권곡(카르)의 침식과정에서 발달한다. 알프스 산지의 산봉우리에 대개 '~호른'이라는 지명이 붙은 것은 이와 관계가 깊다. 호른이 인접해 있는 경우 호른과 호른은 좁고 날카로운 능선으로 이어지는데 이를 즐형산릉(아레트), 그 중에서 가장 오목한 부분을 콜(col)이라고 한다.

12-2-1. 미국 알래스카 디날리국립공원 맥킨리산(6194m)
12-2-2. 미국 콜로라도 록키마운틴국립공원(3600m)

12-2-3. 스위스 알프스 스위스스카이라인
왼쪽부터 아이거(3970m), 묀히(4099m), 융프라우(4158m) 등이 이어진다. 이들은 스위스 3대 명봉들로서 모두 호른에 해당한다. 이 사진은 쉴트호른 파노라마 전망대(2971m)에서 바라본 경관이다.

| 1 | 2 |
| 3 | |

12-2-4. 스위스 알프스 체르마트 마터호른(4478m)
체르마트에서 바라본 경관이다.

12-2-5. 스위스 알프스 체르마트 브라이트호른(4164m)
마터호른 글래시어 파라다이스(클라인마터호른) 전망대에서 바라본
경관이다.

12-2-6. 스위스 알프스 체르마트 클라인마터호른(3883m)
마터호른 글래시어 파라다이스(클라인마터호른) 전망대로 오르면서
바라본 경관이다.

03 즐형산릉 櫛形山稜 arete

빙하의 침식작용에 의해 남은 날카로운 암석 능선부이다. 아레트라고도 한다. 아레트는 프랑스어에서 '생선뼈'를 의미한다. 즐형은 '머리빗'을 닮았다는 뜻이다. 서로 다른 방향으로 빙하침식이 진행되는 두 개의 권곡(圈谷, Kar, cirque)이 확장되면서 서로 만나면 그 사이에 즐형산릉이 만들어진다. 즐형산릉중에서 가장 오목한 부분을 콜(col)이라고 하는데 시간이 더 지나 콜 부분이 더 침식되면 즐형산릉은 소멸되고 대신 양쪽에 호른(horn)이 남는다. 호른은 세 개 이상의 권곡이 만날 때 가장 전형적으로 발달한다.

12-3-1. 미국 알래스카 맥킨리산

12-3-2. 스위스 쉴트호른
쉴트호른 파노라마 전망대(2971m)에서 바라본 경관이다.

12-3-3. 미국 콜로라도 빙하국립공원

12-3-4. 캅카스 산맥
유럽과 아시아의 경계가 되는 산맥으로 흑해와 카스피해 사이를 동서로 달린다.

04 권곡 圈谷 Kar

　　빙하의 침식작용에 의해 말발굽 모양으로 오목하게 파인 지형이다. 영어로는 서크(cirque)라고도 한다. 권곡은 주로 산지 정상 부근에 발달한다. 오목한 권곡 지형에는 눈이 지속적으로 쌓이고 단단하게 다져지면서 초기 빙하가 만들어지게 되는데 이를 권곡빙하라고 한다. 오랜 시간이 지나 권곡빙하의 부피가 커지면 결국 권곡을 흘러넘쳐 계곡을 따라 아래쪽으로 흐르는데 이것이 계곡빙하다. 하나의 산지 정상부에 여러 개의 권곡이 방사상으로 발달하면 그 사이에 즐형산릉, 호른 등의 전형적인 빙하침식지형이 형성된다.

12-4-1. 뉴질랜드 밀퍼드로드
12-4-2. 미국 로키마운틴 국립공원
권곡벽에 베르그슈른트가 뚜렷하게 관찰된다.

12-4-3. 로키마운틴
12-4-4. 로키마운틴

12-4-5. 미국 알래스카 매킨리산
12-4-6. 미국 알래스카 알래스카반도 치그민트산

12-4-7. 미국 알래스카 앵커리지
12-4-8. 앵커리지

05 U자곡 U字谷 U-shaped valley

빙하의 침식작용에 의해 U자 형태로 발달한 골짜기이다. 보통 빙식곡이라고도 한다. 하천에 의해 침식된 골짜기를 V자곡이라고 하는 데 대한 상대적 용어로 쓰인다. 규모가 큰 U자곡 양옆 절벽지대에는 마치 선반 모양으로 규모가 작은 U자곡이 높은 곳에 걸려 있는데 이를 현곡(懸谷, hanging valley)이라고 한다. U자곡이 본류빙하에 의해 만들어진 것이라면 현곡은 일종의 지류빙하에 의해 발달한 것이다. 하천의 본류와 지류의 관계와 같지만 다른점은 빙하의 경우 본류와 지류가 불협화적으로 만나며 그로 인해 융빙수 폭포가 발달한다는 점이다. 육지의 침강이나 해수면 상승으로 U자곡에 바닷물이 들어와 있는 것이 피오르(fjord)이다. 피오르는 뉴질랜드에서는 '사운드'라 불린다. 뉴질랜드 남섬 밀퍼드사운드는 세계적인 피오르해안이다.

12-5-1. 노르웨이 래르달
12-5-2. 노르웨이 플람밸리

12-5-3. 뉴질랜드 밀퍼드로드
12-5-4. 밀퍼드로드

12-5-5. 밀퍼드로드
12-5-6. 밀퍼드로드

12-5-7. 미국 알래스카 매킨리산
12-5-8. 미국 요세미티 국립공원

12-5-9. 스위스 슈테헬베르그
12-5-10. 아이슬란드 링로드

12-5-11. 미국 로키마운틴 국립공원

12-5-12. 뉴질랜드 밀퍼드사운드 보엔폭포
12-5-13. 뉴질랜드 밀퍼드사운드 스털링폭포

457

06 피오르 fjord

빙하의 침식작용으로 발달한 U자곡에 육지의 침강이나 해수면 상승으로 바닷물이 들어와 있는 지형이다. 다른 이름으로는 '사운드'라고도 불리는데 이는 피오르보다는 규모가 크고 복합적인 피오르군을 지칭할 때 주로 쓰이는 경향이 있다. 피오르 혹은 사운드는 노르웨이, 알래스카, 뉴질랜드 해안 등지에서 가장 흔하게 접할 수 있는 지명접미사다. 알래스카의 키나이피오르국립공원, 뉴질랜드 피오르랜드국립공원 등은 피오르 지형을 중심으로 조성된 세계적 관광명소 중 하나다.

12-6-1. 노르웨이 게이랑에르 피오르

12-6-2. 게이랑에르
12-6-3. 게이랑에르

12-6-4. 노르웨이 송네 피오르
12-6-5. 송네 피오르

12-6-6. 뉴질랜드 밀퍼드사운드

12-6-7. 밀퍼드사운드
12-6-8. 밀퍼드사운드

12-6-9. 미국 알래스카 위디어 칼리지피오르

12-6-10. 미국 알래스카 위디어 헤리만피오르

12-6-11. 미국 알래스카 케나이
반도 프린스윌리엄사운드

12-6-12. 스웨덴 오슬로피오르

07 찰흔 擦痕 striation

  빙하가 이동하면서 일으킨 침식작용으로 기반암에 새겨진 가늘고 긴 홈 형태의 자국이다. 빙하와 함께 움직이는 모래나 자갈이 기반암을 긁고 지나가면서 잘 만들어진다. 이 경우 자갈에도 긁힌 자국이 남는데 이를 찰흔력(擦痕礫)이라고 한다. 찰흔보다 규모가 큰 것을 그루브(groove, 빙하구 氷河溝)라고 해서 구분한다. 풍화지형에서의 그루브와 같은 명칭을 사용하기 때문에 주의를 요한다. 찰흔이나 그루브는 빙하가 어느 방향으로 움직였는지를 추정할 수 있는 주요 단서가 된다. 찰흔 중간에는 특히 약한 부분의 암편이 뜯겨져 나온 흔적도 발견되는데 이를 굴식(플러킹, plucking)이라고 한다.

찰흔

12-7-1. 미국 알래스카 엑시트빙하
찰흔의 방향이 현재의 빙하가 흐르는 방향과 일치한다.

12-7-2. 스위스 루체른 빙하공원
찰흔을 통해 과거 빙하가 흐르던 방향을 추정할 수 있다.

12-7-3. 미국 알래스카 엑시트빙하

12-7-4. 노르웨이 브릭스달빙하

그루브

12-7-5. 핀란드 헬싱키 세우라사리공원

08 모레인 moraine

빙하에 의해 운반된 모래나 자갈들이 쌓인 퇴적지형이다. 빙퇴석(氷堆石) 혹은 퇴석이라고도 한다. 하천에 의한 퇴적지형과 다른점은 고체상태의 빙하가 퇴적시킨 것이기 때문에 퇴적물의 분급(分級) 현상이 나타나지 않는다는 것이다. 빙하가 움직일 때 빙하와의 상대적 위치에 따라 ① 측퇴석, ② 중앙퇴석, ③ 저퇴석, ④ 종퇴석(말단퇴석) 등으로 구분한다. 곡빙하 하류부에 계곡을 가로질러 종퇴석이 높게 쌓이면 그 안쪽으로 융빙수 하천이 흘러들면서 빙하호수가 만들어지기도 한다. 모레인이 넓은 평야지대에 두껍게 쌓이면 빙력토평원이 발달한다. 빙하가 운반한 거대한 바위는 표석(漂石, erratic boulder)이라고 해서 따로 구분한다.

모레인

12-8-1. 노르웨이 브릭스달 푸른빙하
12-8-2. 푸른빙하

12-8-3. 뉴질랜드 캔터베리평원

12-8-4. 캔터베리평원

12-8-5. 캔터베리평원

12-8-9. 미국 알래스카 맥킨리산

12-8-6. 미국 로키마운틴 국립공원 모레인파크

12-8-7. 아이슬란드 바트나요쿨

12-8-8. 바트나요쿨

12-8-10. 아이슬란드 스비나펠스요쿨
12-8-11. 스비나펠스요쿨

융빙수하천

12-8-12. 노르웨이 브릭스달 푸른빙하

빙력토평원

12-8-13. 아이슬란드 스코가포스 해안
12-8-14. 스코가포스 해안

빙하호

12-8-15. 노르웨이 브릭스달
12-8-16. 아이슬란드 바트나요쿨 요쿨살롱
12-8-17. 아이슬란드 스비나펠스요쿨

```
    1
  2   3
```

표석

12-8-18. 노르웨이 브릭스달 푸른빙하 계곡
12-8-19. 푸른빙하 계곡
12-8-20. 미국 알래스카 마타누스카빙하 계곡

```
    1
  2   3
```

한국에는 기본적으로 빙하지형이 존재하지 않는다는 것이 정설이었으나 최근 충주호 인근 황강리층(옥천누층군)에서 '눈덩이 지구(snowball earth)' 시절에 퇴적된 것으로 추정되는 빙하퇴적물이 발견되어 주목을 끌고 있다. 눈덩이 지구는 약 7억 년 전 적도에 위치했던 대륙에서 빙하퇴적물을 발견함으로써 당시에 지구 전체가 약 1km 두께의 빙하로 덮였었다고 보는 개념이다.

12-8-21. 충북 충주시 (촬영: 최덕근)
지질시대 중 시원생대 눈덩이 지구 시절에 퇴적된 것으로 추정되는 빙하퇴적물이다.

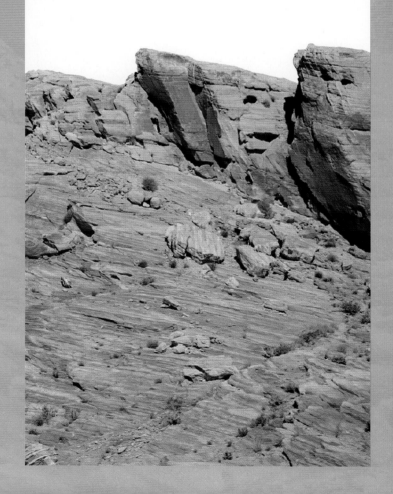

제13장

건조지형

01 사막칠 砂漠漆 desert varnish

　건조지역의 암석 표면에 형성된 얇은 침전물층이다. 건조기후에 한정하지 않고 다른 기후지역에서 형성된 모든 것을 포함한 넓은 의미로는 암석코팅이라는 용어가 쓰인다. 사막칠은 여러 성분으로 구성되어 있지만 망간과 철이 주를 이룬다. 성분 함량 차이에 의해 색이 달라지는데 망간이 많으면 검은색, 철이 많으면 적색, 둘이 적절히 섞여 있으면 갈색이 된다. 건조기후에서 사막칠이 잘 나타나는 것은 강수량이 적기 때문에 오랜 시간에 걸쳐 암석 표면에 안정적으로 코팅이 이루지기 때문이다. 철이나 망간 등은 암석 자체에서 공급되기도 하지만 외부로부터 바람에 의해 날려 오는 경우가 훨씬 더 많다. 사막칠의 생성은 세균의 생물학적 활동, 암석 자체의 지화학적 작용에 의해 복합적으로 만들어지며 망간과 철이 암석 표면에 잘 부착되도록 하는 물질은 주로 점토 성분이다. 사막칠이 형성되는 데는 대략 수천 년 정도가 걸리는 것으로 본다.

13-1-1. 미국 모하비사막 불의계곡

13-1-2. 불의계곡
13-1-3. 불의계곡
13-1-4. 불의계곡
13-1-5. 불의계곡

02 악지 惡地 bad land

  지속적인 침식작용으로 만들어진 황폐해진 땅이다. 대개 물은 흐르지 않고 식생은 거의 자라지 않으며 사람이 걸어 다니기 어려울 정도로 깊고 험한 골이 파여 있는 경우가 많다. 공간적으로 보면 사막보다는 그 범위가 좁고 국지적인 개념으로 쓰인다. 침식은 주로 연약한 지반이면서 차별침식을 유도하는 여러 물질이 섞여 있는 땅에서 빗방울의 충격으로 일어난다.

13-2-1. 미국 유타주
13-2-2. 유타주

13-2-3. 미국 라스베이거스 배드랜드 골프장

13-2-4. 튀르키예 카파도키아 데브란트계곡
13-2-5. 튀르키예 카파도키아 우치히사르계곡

03 암석사막 岩石沙漠 rocky desert

　　지표면이 암석으로 이루어진 사막이다. 아랍어로는 하마다(hamada)라고도 하는데 사하라사막과 같은 일부 지역에서 이 명칭이 쓰이기는 하지만 일반화된 용어는 아니다. 사막은 연강수량 250mm 이하의 건조지역을 말하며 지표면의 구성 물질에 따라 모래사막, 자갈사막, 암석사막으로 구분된다. 많은 사람이 사막의 이미지로 기억하는 것은 모래사막이지만 실제로 지구상에 존재하는 사막의 90%는 암석사막이다. 이는 '사막(沙漠)'이라는 용어에서 '沙'를 '모래'로 받아들이기 때문이다. 모래를 나타내는 한자는 '砂'가 따로 있다. 사막은 위도에 따라서는 열대사막, 온대사막, 한대(한랭)사막으로 구분하기도 한다. 사막과 비슷한 경관을 보여 주는 곳이 스텝지역이다. 지구상의 기후를 크게 건조기후와 습윤기후로 나눌 때 그 기준은 연강수량 500mm가 된다. 즉 500mm 이하이면 건조기후, 이상이면 습윤기후다. 여기에서 500mm가 기준이 되는 이유는 500mm 이하에서는 대체로 강수량보다 증발량이 많아 대기가 극도로 건조해지면서 식생이 잘 자라지 못하기 때문이다. 500m 이하에서도 250mm~500mm를 스텝기후, 250mm 이하를 사막기후라고 한다. 스텝기후의 경우 강수량이 250mm를 간신히 넘는 지역은 실제로 사막과 거의 구분이 되지 않는다. 그 대표적인 예가 연강수량이 300mm에 그치는 튀르키예 아나톨리아고원의 카파도키아 지역이다.

13-3-1. 미국 네바다주 클라크카운티주립공원 불의계곡

13-3-2. 불의계곡
13-3-3. 불의계곡

13-3-4. 튀르키예 카이세리

13-3-5. 튀르키예 카파도키아

13-3-6. 카파도키아

04 와디 wadi

　건조한 사막지대에서 비가 올 때만 잠시 흐르는 하천이다. 원래는 아프리카 사하라 사막지역에서 불리는 이름이었지만 다른 건조지역을 흐르는 건천에도 보편적으로 쓰이는 표준적 개념이 되었다. 미국 모하비사막에서는 워시(wash)라는 말이 쓰이기도 한다. 우리말로 건천이라고 번역해서 사용하기도 하지만 이는 카르스트지형이나 화산암지형의 건천과 혼동할 염려가 있어 원어 그대로 사용하는 것이 바람직하다. 와디 지역 땅속에서는 샘물이 솟아나기도 하는데 이런 곳은 오아시스가 형성되는 경우가 많다.

13-4-1. 미국 모하비사막 배드랜드 골프장
13-4-2. 미국 모하비사막 불의계곡

13-4-3. 탄자니아 세렝게티
13-4-4. 탄자니아 올두바이계곡
13-4-5. 튀르키예 카이세리